低碳技术创新、转移与知识产权问题研究

尹锋林　著

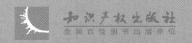

知识产权出版社
全国百佳图书出版单位

图书在版编目（CIP）数据

低碳技术创新、转移与知识产权问题研究/尹锋林著. —北京：知识产权出版社，2015.3

ISBN 978 – 7 – 5130 – 3382 – 4

Ⅰ. ①低… Ⅱ. ①尹… Ⅲ. ①碳氢排放—无污染技术—知识产权保护—研究 Ⅳ. ①X38②D913. 04

中国版本图书馆 CIP 数据核字（2015）第 047161 号

责任编辑：龚　卫   责任校对：董志英

封面设计：开　元   责任出版：刘译文

低碳技术创新、转移与知识产权问题研究

Ditan Jishu Chuangxin Zhuanyi Yu Zhishichanquan Wenti Yanjiu

尹锋林　著

出版发行：**知识产权出版社**有限责任公司		网　　址：http：//www. ipph. cn	
社　　址：北京市海淀区马甸南村 1 号		邮　　编：100088	
责编电话：010-82000860 转 8130		责编邮箱：gongwei@ cnipr. com	
发行电话：010-82000860 转 8101/8102		发行传真：010-82000893/82005070/82000270	
印　　刷：北京科信印刷有限公司		经　　销：各大网上书店、新华书店及相关专业书店	
开　　本：787mm×1092mm　1/16		印　　张：12. 25	
版　　次：2015 年 3 月第 1 版		印　　次：2015 年 3 月第 1 次印刷	
字　　数：201 千字		定　　价：42. 00 元	

ISBN 978 -7-5130-3382-4

摘　要

　　在全球应对气候变化挑战过程中，知识产权问题已经成为一项事关发展中国家重大利益的重要议题。这是因为应对气候变化挑战必须依赖先进适用的低碳技术，发达国家对气候的变化有不可推卸的历史责任，它们不仅应给予发展中国家资金支持，而且还应积极向发展中国家提供有效的低碳技术。由于知识产权保护对低碳技术的创新、转移和利用均具有重要影响，发展中国家在与发达国家进行气候谈判时，必须考虑到知识产权的国际保护与限制问题，明确提出发展中国家有关知识产权保护与气候变化问题的立场和观点，才能确保自身利益和要求得到充分考虑。

　　本书主要分为六个部分。第一章主要分析了全球低碳技术与低碳技术专利的发展概况，并对主要国家的低碳专利发展情况进行了分析；第二章主要分析了知识产权保护制度对低碳技术创新的影响，并重点研究了知识产权制度对低碳技术转移的积极影响和消极影响；第三章主要从历史责任、道义责任、国际法责任三个方面对发达国家促进低碳技术向发展中国家转移的国际责任进行了详细的分析；第四章重点讨论了发展中国家如何充分利用《与贸易有关的知识产权协议》的灵活性机制安排，以促进低碳技术的国际转移；第五章主要从发达国家、发展中国家和国际组织的角度讨论和分析了不同类型的国家或组织在气候谈判中的有关知识产权问题的立场；第六章从实证角度讨论了低碳路径的知识产权制度构建与完善的对策建议，主要讨论了受公共基金资助的低碳技术的知识产权保护与分享、欧洲绿色专利分类方法、比照公共健康问题的低碳技术专利强制许可、低碳技术专利申请的加快审查制度、低碳技术专利费用资助、专利文献的著作权问题以及许可承诺等问题。

　　发展中国家在应对气候变化挑战过程中，一方面，应该继续坚持《联合国气候变化框架公约》所确定的"共同但有区别责任"的原则，要求发达国家尽快将落实其应对与适应气候变化援助资金和技术转移的承诺，以有效增强发展中国家应对气候变化挑战的能力；另一方面，发展中国家也应该注重能力培养和制度创新，增强自主创新能力，完善和健全自身的知识产权法律制度，以有效地获取和利用发达国家的低碳技术。

关键词： 气候变化　低碳技术　技术创新　技术转移　知识产权　专利

引　言

在联合国气候变化谈判中，知识产权问题已经成为一项事关发展中国家重大利益的重要议题。这是因为应对气候变化挑战必须依赖先进适用的低碳技术，发达国家对气候的变化有不可推卸的历史责任，它们不仅应给予发展中国家资金支持，而且还应积极向发展中国家提供有效的低碳技术。由于知识产权保护对低碳技术的创新、转移和利用均具有重要影响，发展中国家在与发达国家进行气候谈判时，必须考虑到知识产权的国际保护与限制问题，明确提出发展中国家有关知识产权保护与气候变化问题的立场和观点，才能确保自身利益和要求得到充分考虑。否则，发展中国家就可能被发达国家牵着鼻子走，重蹈在乌拉圭回合谈判中"被动接受"的覆辙。

知识产权制度与低碳技术创新、转移之间具有紧密且复杂的关系。一方面，由于知识产权制度可以对创新者进行制度性的经济奖励，所以可以在一定程度上激励和促进低碳技术研发与创新；另一方面，由于知识产权制度对技术的保护具有垄断性，发展中国家要获得发达国家的低碳技术必须要付出较高昂的经济代价，因此，知识产权制度的存在又会在一定程度上阻碍低碳技术的转移和利用。

目前，无论是在国际上还是在国内，对低碳技术创新、转移与知识产权保护之间关系问题的研究均较少。瑞士贸易与可持续发展国际研究中心（ICTSD）在一份研究报告中指出：现行知识产权制度在与气候变化有关的技术创新与转移中所起的作用仍然模糊不清；知识产权对不同类别的与气候变化有关的技术的影响问题，仍然缺乏综合性的研究。对我国这样一个不仅具有巨大低碳技术创新能力，同时又有巨大的低碳技术转移需求的发

1

展中国家而言，研究该问题具有重大而现实的意义。❶

当前，国际上的跨国公司以及其代表由于是现行国际知识产权保护制度的主要受益者，因此，它们认为目前的知识产权保护制度对于促进环保技术的研发与传播具有不可替代的作用，世界气候谈判不应将知识产权问题考虑进来，更不应该以气候变化的名义降低知识产权保护水平。否则，将对全球应对气候变化的努力产生负面影响。在130多个国家拥有几十万家公司会员的国际商会（ICC）在一份研究报告中认为：知识产权制度是一个已被证明为行之有效的促进技术创新的国际机制，在应对气候变化挑战的过程中，应该保持现有的知识产权保护水平不变。❷ 其主要理由如下：第一，知识产权是吸引私人和公共投资用以研发和利用应对气候变化技术的一个关键因素。无论是对技术开发而言，还是对技术转让而言，知识产权保护都是一个先决条件。第二，界定环境友好技术（Environmentally Sound Technologies，EST）困难重重。应对气候变化的技术并不能被准确地划定外延，既可能是提高工作效率的技术，降低排放的技术，还有可能是适应气候变化的技术。比如，抗高温的植物种子、风能发电机、更有效率的计算机都可以被包括在环境友好技术范围之内。由于环境友好技术所覆盖范围的不确定性和广泛性，如果对环境友好技术的知识产权保护水平进行调整，就可能会对整个科技领域的技术创新和利用产生不可预测的影响。第三，知识产权制度可以有效地促进环境技术信息的传播。专利数据库是技术信息的主要来源，也可以成为新技术研发的起点。例如在清洁能源领域，技术人员可以通过检索和梳理现有的专利技术，预测和确定能源技术的发展方向和研究重点。另外，专利数据库中有一大部分专利由于未续年费而在法定保护期之前失效，那么他人就可以免费地实施这些失效的专利技术。第四，对于新兴的发展中国家而言，如中国、印度、巴西，其与发达国家的保护水平正在迅速接近。在一定范围内，新兴国家的环保技

---

❶ International Centre for Trade and Sustainable Development（ICTSD）：Climate Change, Technology Transfer and Intellectual Property Rights. Source：http：//www.iisd.org/pdf/2008/cph_ trade_ climate_ tech_ transfer_ ipr.pdf.

❷ ICC：Climate Change and Intellectual Property, Document No. 213/71 and No. 450/1050, 10 September 2009.

术甚至已经走在了世界前列，拥有的专利数量亦在迅速增长。降低知识产权保护水平对新兴的发展中国家不利，对其他发展中国家也没有好处。第五，当前的知识产权国际保护制度，如 Trips 协议，已经规定了特殊情形下的知识产权保护的例外与限制条款，因此，也就没有必要再额外地对知识产权保护加以限制。否则，就会损害当前知识产权制度所发挥的激励效应，并进而破坏国际知识产权制度所精心设计的利益平衡。

由于知识产权赋予了权利人在一定期限内垄断使用有关技术的特权，那么如果有关国家或者权利人过分利用这种权利，就有可能导致知识产权与环境保护的紧张关系。例如，在 *Canon Inc. v Recycle Assist Co. , Ltd*❶ 案中，原告 Canon 公司在日本就一种有关打印机墨盒的技术拥有专利。一家公司在中国回收使用后的墨盒，并通过在墨盒上打的孔对墨盒进行清洁，然后重新注入墨粉以供二次利用。被告 Recycle Assist 公司则在中国购买了这种重新装入墨粉的墨盒并将其进口到日本销售。原告因此向法院起诉被告侵犯其日本专利权。东京地方法院对该案进行一审后认为，给二手墨盒重新装入墨粉属于一种修理行为，并因此判决被告的行为不构成侵权。东京高等法院则推翻了地方法院的判决，认为虽然根据国内用尽原则或默示许可理论，权利人在国内或国外售出专利产品之后，就不得再禁止该产品的进一步使用或销售。但是，在满足下列两个条件之一的情况下，权利人仍然可以行使其权利：（1）当该专利产品的正常使用寿命届满后，对其进行二次利用；（2）第三人对构成专利产品实质部分的全部部件或部分部件进行修改或替换。本案的情况虽然没有满足第一种情形，但是可以构成第二种情形，因此，东京高等法院判决被告构成专利侵权。该案上诉到日本最高法院后，最高法院维持了东京高等法院的判决，并指出，如果修理后的专利产品可以被视为一件新的专利产品，那么专利权人就有权禁止该修理后的产品的进口、销售或使用。在判断修理后的产品是否构成新的产品时，应该综合考虑各种有关因素，包括：该循环利用产品的特性、

---

❶ Tokyo District Court, December 2004; Tokyo High Court, January 31, 2006; Supreme Court, November 8, 2007. See The Decision of Tokyo High Court, http://www.ip.courts.go.jp/eng/documents/pdf/g_ panel/ decision_ summary. pdf, and see also Peter Ollier, Japan's Supreme Court affirms patent exhaustion rule, http://www.managingip.com/Article.aspx? ArticleID = 1696731.

结构、寿命，该专利发明的细节，对原产品进行加工的方法，被替换部件的性质和功能，专利产品的实质交易条件，等等。就本案而言，日本最高法院认为，考虑到该专利墨盒的目的是一次使用，第三人在墨盒上打孔并对墨盒进行清洁和重新注入墨粉，以及该专利发明的性质等因素，应该将重新注入墨粉的墨盒视为一件新制造的专利产品。在本案中，被告特别提到了环境保护问题，认为自己所销售的墨盒属于对产品的循环利用，有利于节约资源，保护环境。日本最高法院虽然认为保护环境有利于文明社会的发展和人类整体福利的提升，并应该在解释专利法时最大限度地对环境保护予以尊重，但是仍然认为被告的行为构成侵权。这样，由于原告并不对消费者提供二次利用墨盒的服务，那么消费者在使用完墨盒之后就只能将其丢弃，因此，不可避免地会因知识产权的过度保护造成浪费和环境污染。

当前的知识产权制度不仅在发达国家可能会限制环保技术的利用与传播，更为严重的是国际知识产权保护制度还可能阻碍极度缺乏研发能力的发展中国家获取和利用应对气候变化的环保技术。这主要表现在以下几个方面：第一，从发达国家与发展中国家环保技术拥有量角度观察，发达国家拥有世界上绝大部分环保技术，而发展中国家拥有的技术相对较少。对环保技术进行知识产权保护，必然意味着发展中国家要向发达国家支付更多的使用费，而发展中国家本身就存在着资金不足的问题，因此，国际知识产权保护相应地也就成为发展中国家获得环保技术的一个重要障碍。第二，发达国家的跨国公司在发展中国家有关环保技术的关键专利布阵已经完成或正在着手进行，这种专利布阵一旦发挥实际作用，必然造成更为严重的技术垄断，从而阻碍发展中国家在环保领域自主创新能力的发展。例如在核电领域，世界核电专利技术依旧掌握在美国、法国、日本和德国等发达国家手中。尤其是一些可能应用于第三代核电的技术，多年前就已在我国被西屋、法玛通等西方公司申请了专利保护。由于发达国家的跨国公司采取"专利加技术秘密保护"的方式，一方面通过关键专利限制发展中国家自主研发和利用核电技术，另一方面通过有效的技术秘密提高自身核电产品的效率和质量，从而迫使发展中国家与其合作，并获得高额利润。目前，我国已经建成并投入使用的4座核电站11台机组，除了秦山核电站一期、二期工程是由我国自主设计、自主建造、自主管理、自主运营之外，其他均是与外方合作开发建设的。2009 年 12 月法国总理弗朗索瓦·菲永访华期间，中国广东核电集团与法国电力公司又签署了 167.4 亿元核电合作开发合同。第三，新兴发展中国家向环境脆弱的最不发达国家或缺乏技术能力的国家转移环保技术，亦会受到知识产权问题的阻碍。虽然 Trips 协议规定缔约方在满足一定条件下可以对专利技术颁发强制许可，但是根据 Trips 协议 f 项，缔约方颁发强制许可应该主要用于满足国内市场的需要。这样，即使新兴发展中国家在本国颁发相关环保技术的强制许可，那么也不能帮助其他发展中国家，特别是不能帮助环境脆弱的最不发达国家或缺乏基本技术能力的国家获得适应或消减气候变化影响的环保技术。

　　作为发展中国家，特别是像我国这样的发展中大国，迫切需要内容翔实、论证科学、逻辑严谨的系统的有关知识产权与气候变化、技术转移问题的研究成果，以便更加有效地参加未来气候谈判。在知识产权与气候变化问题上，实践已经走在了理论的前面。随着联合国气候变化谈判的深入以及受到多哈回合知识产权与公共健康问题谈判的影响，发展中国家已经逐渐认识到知识产权问题在气候谈判中的重要意义。在 2009年年底哥本哈根大会上，许多发展中国家提出了很多涉及知识产权问题的观点和建议，知识产权问题遂成为发达国家与发展中国家争论的焦点之一。我国亦认为现行的知识产权制度并不能有效地促进环境友好技术的研发、转移和利用（D&T&D），同时，我国还就知识产权与气候变化问题提出了四点主张。在这个背景下，我国学术界须加强这方面的理论研究，为日后的气候谈判提供有价值的理论参考。特别是各国一旦就减排义务和减排责任达成一致，那么后期谈判的焦点就会集中在如何落实前期谈判成果之上，知识产权问题就会更加凸显。哥本哈根大会和坎昆大会已经露出了这个苗头。如果我们从现在起加强知识产权与气候变化问题的研究，那么就可以未雨绸缪，在后期谈判中占据主动。另外，深入研究知识产权与气候变化、技术转移问题对全面认识知识产权与公共危机的关系问题亦具有重要意义。从本质上说，无论是公共健康问题，还是气候变化问题，都是人类社会所面临的公共危机。如果没有这些公共危机的出现，国际社会至少在目前没有动力再对知识产权的国际保护制度进行调整。与公共健康问题相比，知识产权与气候变化问题更加复杂，加强这方面的研究，可以使我们更加清晰地观察知识产权保护与公共危机、公共利益的关系，从而为将来可能出现的类似问题提供有理论意义的参考。

目　录

第一章

低碳技术知识产权保护情况

第一节

低碳技术发展概况

　　"低碳技术"（Low - carbon technology）是一个含义尚不能完全确定的概念。从气候变化角度而言，"低碳技术"与"绿色技术"（Green technology）、"环境友好技术"（Environmentally sound technology，EST）、"清洁能源技术"（Clean energy technology，CET）、"环保技术"大体具有相同的含义，或覆盖大致相同的技术。为了行文的方便，在下文中上述术语将互换使用。在学术交流和气候变化语境之下，"低碳技术"主要包括两类技术：一是"减缓技术"（Technologies for mitigation），即能够减缓温室气体排放的技术或减缓气候变化的技术。如：提高能源利用效率的技术，可再生能源技术，提高能源传递效率的技术，等等。二是"适应技术"（Technologies for adaptation），即能够使人类生产、生活适应气候变化的技术。如：节水技术，农业基因工程，疾病和害虫控制技术，洪水、干旱、海平面上升、农业灾难、沙漠化等的控制技术，等等。❶ 由于减缓技术对气候变化而言，具有釜底抽薪的作用，所以狭义上的低碳技术通常即仅包括减缓技术。广义上的低碳技术既包括减缓技术，也包括适应技术，有时甚至还包括气候变化监测技术。

　　为了调查世界范围内低碳技术知识产权保护的情况及低碳技术转移的具体情况，联合国环境计划署（UNEP）、欧洲专利局（EPO）、贸易与可持续发展国际研究中心（ICTSD）联合开展了一项低碳专利技术转移的实证研究。该项研究自 2009 年春始至 2010 年 9 月止，从 1978 年至 2006 年

---

　　❶　ICTSD：Technologies for Climate Change and Intellectual Property：Issues for Small Developing Countries. Information note Number 12，October 2009. ISSN 1684 9825.

29 年间世界范围内的 6000 万项专利申请中筛选出了 40 万份低碳专利文献进行分析研究，其结果权威可靠自不待言。因此，本部分的数据将在很大程度上截取于该研究最终报告。❶

联合国环境计划署（UNEP）、欧洲专利局（EPO）、贸易与可持续发展国际研究中心（ICTSD）联合开展的实证研究所界定的低碳技术或清洁能源技术的范围主要包括 6 大类，即：（1）太阳能，包括太阳能热电站技术、太阳能加热与冷却技术、光伏能源技术；（2）风能，包括陆上风能技术与海上风能技术；（3）海洋能源；（4）地热能源；（5）水电；（6）生物质能。上述 6 类技术的主要发展情况如下：

太阳能热电站技术已经发展了大约 25 年，目前的装机容量约 400 兆瓦。其太阳能集光转化技术、太阳能塔系统相对成熟，尤其是太阳能集光转化技术已经相当成熟，峰值转化效率（将太阳辐射能直接转化为电能）可以达到 21%；而太阳能反射镜技术、Fresnel 透镜技术成熟度则相对较差。太阳能加热与冷却技术，特别是用于民居或办公室的太阳能热水技术，在建筑领域已经成为一种主流的可再生能源技术。目前，该技术的利用可以节省化石能源相关需求的 40%～50%。无论是在工业化国家还是在发展中国家，太阳能加热技术的使用每年均有稳步快速的增长，这说明该技术已经相当成熟。光伏能源系统又可分为电网连接系统和网下发电系统技术。光伏能源系统主要由太阳能板模块构成，其余则主要包括：换流器、电池、电子部件等。光伏能源技术的利用在欧洲、日本和美国均有快速发展。由于其规模效应，光伏能源的成本也在不断下降。有的光伏能源系统使用多晶硅，而有的选择使用薄膜或其他形式的材料，因此，光伏能源技术也就有多种形式或表现。中国和印度等新兴国家已经成为全球重要的光伏电池和模块的制造基地。在发展中国家，光伏能源主要使用于农村地区，特别是没有电网或电网供电不稳定的地区。光伏能源在发展中国家推广速度极快，最近的发展速度一直维持在 30% 左右。

风能已经成为当前的主流可再生能源。风电系统的主要部件是风能发

---

❶ UNEP，EPO，ICTSD：Patents and clean energy：bridging the gap between evidence and policy（Final report）．2010．

电机，而风能发电机又由叶片、齿轮箱、电机等设备构成。风能发电机及其部件的制造越来越趋于国际化，在世界前十大风能发电设备制造商中，中国和印度分别占据了两席和一席。陆上风电技术传播迅速，而海上风电技术及经验则主要掌握在欧洲手中。另外，美国和一些东南亚国家也正在建设海上风电站。

尽管海洋能的发展潜力巨大，但是海洋能的经济可行性仍存疑问。海浪能源和洋流能源技术正在向商业化阶段迈进。目前，欧盟国家至少有 4 项技术已经展示出中等规模的商业利用前景。在这 4 项技术中，以大坝为基础的潮汐电站技术已经相对成熟；另外三项有关潮汐蒸汽电站技术则尚处于研发示范阶段。

地热能源主要利用于三个方面：地热发电、直接供热、地热泵。商业地热电站技术主要基于有机朗肯循环（ORC）系统，有关深层地热的小规模利用技术尚在发展之中，但是有快速商业化的前景。建筑物或工业系统直接利用地热技术已经具备了商业可行性。利用浅层地热的地热泵技术则发展迅速，同时成本也大幅降低。

水电站可以分为三个层次，即超过 10 兆瓦的大型水电站、1 ~ 10 兆瓦的小型水电站和小于 1 兆瓦的微型水电站。水电技术已经高度商业化，水电占全球总供电量的大约 19%。目前，微型水电仍然具备快速增长的潜力。大型水电机组及其部件主要由欧洲、美国、加拿大、中国和印度制造。小型或微型水电设备的制造厂商则更为广泛，主要集中于经合组织国家、前苏联国家、中国、印度和巴西。在发展中国家，水电有望成为发展最迅速的可再生能源。

生物质能于近期在全球范围内已经成为最重要的能源之一。目前，中等规模和大规模的生物发电或生物热能项目已经有了广泛的商业经验。同时，中等规模的生物燃气系统也正处于商业化阶段，该项技术正在工业化国家和新兴国家使用。由于上述技术应用的增加，这些技术竞争性更强，生物燃气正在用于小型发电。另外，第一代生物燃料技术在全球很多国家已经有了长足的发展；第二代生物燃料技术则尚在研发阶段或小型商业试用阶段。

另外，下列可再生能源技术虽然尚未达到商业规模的成熟程度，尚处于研发阶段，但是在未来 5 ~ 10 年内进行商业性利用则可预期：（1）通过浅层地表对太阳能进行季节性储存技术和太阳能制冷技术；（2）以纳米太阳能电池为基础的光伏发电技术；（3）海上移动风电技术；（4）海洋暖流能量转换技术；（5）小型地热电站技术；（6）海藻生物柴油技术等。❶

第二节

全球低碳技术专利发展概况

联合国环境计划署（UNEP）、欧洲专利局（EPO）、贸易与可持续发展国际研究中心（ICTSD）联合研究表明，自 1978~2006 年 29 年间，全球低碳技术专利申请约为 40 万件。值得注意的是，该联合研究为了避免对低碳技术重复计算，将具有相同优先权的多件专利申请视为一件专利申请，将具有相同优先权的多件专利亦视为一件专利。另外还需要说明的是，由于该联合研究将具有相同优先权的多件专利申请或授权专利视为一件专利申请或授权专利，所以在计算每年的专利申请量和专利授权量时以前后三年的平均值作为当年的专利申请量或专利授权量。比如，在计算 2000 年的专利申请量时，即以 1999 年、2000 年、2001 年的实际专利申请量的平均值作为 2000 年的专利申请量。

联合研究表明，自 1978~2006 年间，全球专利申请总量基本上呈每年递增的趋势，年均增长率为 4.5%。有关化石能源和核能的专利申请量在 29 年间没有显著变化。而有关太阳能、风能、海洋能源、地热能源、水电、生物质能等 6 类技术的专利申请量，自 1978~1991 年基本上呈现下降的趋势。6 类可再生能源的专利申请量在 1991 年达到了最低值，仅为 1978

---

❶ UNEP, EPO, ICTSD：Patents and clean energy：bridging the gap between evidence and policy (Final report). 2010. p. 26-27.

年专利申请量的 60% 左右。而自 1991 年开始，该 6 类可再生能源的专利申请量开始快速增长，2004 年 6 类可再生能源的专利申请量达到了 1978 年申请量的 3.25 倍，约是 1991 年申请量的 5.5 倍。1991 年后，6 类可再生能源专利申请量年均增长率约为 14%，有的年份的增长率甚至超过 20%。❶（见图 1-1）

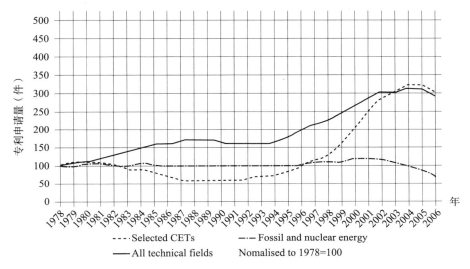

图 1-1 低碳技术专利申请总体发展趋势❷

与低碳技术专利申请总体发展趋势相对应，各类别可再生能源专利申请情况在 1990 年之前亦无显著变化。自 1990 年之后，低碳领域的光伏能源技术、风能技术专利申请增加迅速。其中，光伏能源技术专利申请自 1990 年开始快速增加，到 2003 年增加了近 7 倍，年均增长率超过 17%；风电技术专利申请自 1997 年后增加迅猛，2004 年的申请量是 1997 年 5.2 倍，年均增长率达到惊人的 26%。另外，碳捕捉技术和生物质能技术专利申请在近年来亦有快速增长。而煤炭气化技术（IGCC）专利申请除了在 1986～1991 年间有一段快速增长之外，之后专利申请活动即开始趋于平静。太阳能热电站技术

❶ UNEP，EPO，ICTSD：Patents and clean energy：bridging the gap between evidence and policy（Final report）．2010. p. 29.

❷ UNEP，EPO，ICTSD：Patents and clean energy：bridging the gap between evidence and policy（Final report）．2010. p. 29.

专利申请在 1978～2006 年的 29 年间亦无显著变化。光伏发电技术与风能技术专利申请的快速增长，在一定程度上表明这些技术正广泛应用于商业实践之中。事实上，联合研究亦证实了当前光伏发电和风电技术已经成熟，并正在快速商业化。❶（见图 1-2）

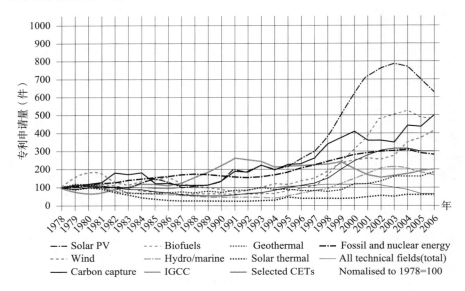

图 1-2 各类能源专利申请发展趋势❷

第三节

各主要国家低碳专利发展情况

联合国环境计划署等组织的联合研究表明：在太阳能、风能、海洋能源、地热能源、水电、生物质能等 6 类低碳技术专利申请中，以日本专利

❶ UNEP, EPO, ICTSD: Patents and clean energy: bridging the gap between evidence and policy (Final report). 2010. p. 30.

❷ UNEP, EPO, ICTSD: Patents and clean energy: bridging the gap between evidence and policy (Final report). 2010. p. 29.

申请量为最多，其次为美国、德国、韩国、英国和法国。❶（见图1-3）日本的低碳专利申请以太阳能为主，其总量大约为排名第二的美国的2倍，然而日本在传统的石化和核能领域的专利申请量仍然超过其低碳专利申请数量。美国在低碳领域的专利申请比较均衡，但太阳能和水电领域的专利申请相对较多。德国在风电领域的专利申请量处于领先地位，其专利申请量大约是美国的2倍、日本的3倍。近年来，韩国在低碳技术领域异军突起。在1993年之前，世界低碳技术专利申请排名前五的国家一直是日本、美国、德国、英国和法国。而到了1994年韩国的低碳专利申请量即与英国和法国持平，从2000年开始韩国低碳专利申请量开始明显超过英国和法国，并在2004年左右将英国和法国远远抛在其后，牢牢占据了世界第四的位置。另外，值得注意的是，日本、美国、德国、英国和法国在传统石化和核能领域的专利申请量均超出其低碳技术专利申请量，而韩国低碳专利申请量却超出了其传统石化和核能领域的专利申请量，这一情况说明韩国作为后起之秀与其他传统发达国家相比更加重视对低碳技术的研发。

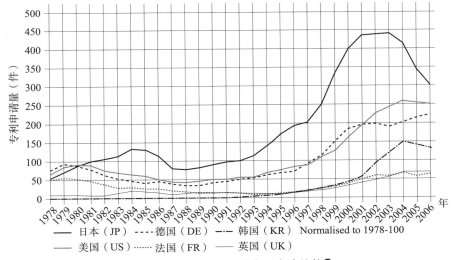

图1-3 发达国家低碳专利申请趋势❷

---

❶ UNEP，EPO，ICTSD：Patents and clean energy：bridging the gap between evidence and policy（Final report）. 2010. p. 31.

❷ UNEP，EPO，ICTSD：Patents and clean energy：bridging the gap between evidence and policy（Final report）. 2010. p. 31.

在新兴国家中，中国拥有的低碳专利申请数量最多，特别是在光伏发电领域。虽然有的中国公司已经成为世界级的低碳设备制造商和供应商，但是值得一提的是，中国公司本身所拥有的低碳专利申请数量并不多。这一现象说明中国虽然拥有低碳设备的先进制造能力，但是在相关技术研发方面却力量薄弱，中国低碳制造能力的提升在很大程度上还依赖于技术转移。印度与中国相类似，世界前 20 名技术强国均在印度有密集的低碳专利申请，但以风能技术领域为例，来自印度的专利申请人却极少。巴西情况亦与中国和印度相似，虽然该国的专利申请主要集中于生物能源和水电领域，但即使在这两个领域该国相较发达国家而言专利申请仍然有限。例如，巴西在水电领域拥有专利申请 14 件，大约仅为美国 387 件的 1/27；巴西在生物能源领域拥有专利申请 5 件，亦为日本 135 件的 1/27。

从各主要国家或地区低碳专利申请的来源地亦可以看出发达国家在低碳技术研究方面具有绝对的优势，并且正在全球进行积极的专利布局，以谋求将这种技术优势转化为市场优势。1998～2007 年 10 年间，日本人（包括法人和自然人）在国外进行低碳专利布局最为积极。其低碳专利布局的主要目的国或地区依次为美国、欧盟、中国、德国、韩国和澳大利亚。日本人在美国的低碳专利申请量是 4633 件，在欧洲专利局的低碳专利申请量是 1533 件，在中国的低碳专利申请量是 1338 件，在德国的低碳专利申请量是 1161 件，在韩国的低碳专利申请量是 883 件，在澳大利亚的低碳专利申请量是 561 件。另外，日本还重视在台湾的低碳专利布局，其在台湾的低碳专利申请量是 536 件，仅次于澳大利亚。❶

美国亦极为重视低碳专利的海外布局，其在欧洲专利局、日本、澳大利亚、德国、中国的低碳专利申请量依次是：2188 件、1798 件、1312 件、1146 件和 1136 件。德国在欧洲专利局、美国、日本、澳大利亚和中国的低碳专利申请量依次是：2501 件、1252 件、751 件、610 件、471 件。韩国在美国、日本、中国、欧洲专利局的低碳专利申请量依次是 1008 件、

---

❶ UNEP, EPO, ICTSD: Patents and clean energy: bridging the gap between evidence and policy (Final report). 2010. p. 80.

484 件、348 件、140 件。❶

由上述数据可以看出：发达国家低碳专利布局的目的国或地区依然是其自身，即美国、日本、欧盟。但是，需要注意的是，发达国家亦特别重视我国的低碳经济市场，其在我国进行低碳专利布局的积极性要远远高于其他发展中国家。日本和韩国均将我国作为低碳专利申请的第三大目的国，美国和德国均将我国作为低碳专利申请的第五大目的国。如果考虑到上述专利申请数据仅是这些国家在我国的优先权申请，而发达国家通常将优先权申请放在本国或美国专利商标局、欧洲专利局、日本特许厅，然后再以此为基础向其他国家提出专利申请，那么上述国家在中国的实际低碳专利申请总量应该远远大于上述数据，我国甚至有可能是主要发达国家的低碳专利申请的最大目的国。

由于中国是世界上最大的光伏发电产品制造国，所以各主要发达国家尤其重视光伏发电领域在中国的专利布局。1988～2007 年间，日本人在中国光伏发电领域的专利申请量是 1067 件，占其同期在中国低碳专利申请总量的 79.7%；美国、德国在中国光伏发电领域的专利申请量分别是：663 件、185 件，分别占其同期在中国低碳专利申请总量的 58.4% 和 39.3%。（见表 1-1）

表 1-1　跨国光伏发电专利申请数量（1988～2007）❷

From to	CN	KR	TW	BR	SG	MX	IL	HK	ZA	AR	ID	IN	MA
JP	1067	788	503	7	13	3	1	9	1		3	1	
US	663	409	318	47	74	46	46	20	11	15	1	2	
DE	185	104	46	19	3	14	10	11	9			1	
UK	57	41	17	6		4	4	6	8			2	
FR	35	10	3	8	1	7	5		7				2
AU	18	5	1	3		3	3		5		3		1
NL	10	3	2	4	1	2	1	1					

---

❶ UNEP, EPO, ICTSD：Patents and clean energy：bridging the gap between evidence and policy（Final report）. 2010. p. 80.

❷ UNEP, EPO, ICTSD：Patents and clean energy：bridging the gap between evidence and policy（Final report）. 2010. p. 81.

续表

From to	CN	KR	TW	BR	SG	MX	IL	HK	ZA	AR	ID	IN	MA
SE	6	3	3					1					
IT	5	1	2				1	2					
NO	9			2			4						
ES	5					3							
AT	7	3								1			
CH	4	1	1										

第二章

知识产权保护制度对低碳技术创新与转移的实质影响

知识产权保护对低碳技术创新的实质影响

　　低碳技术创新与一般技术创新相比，具有如下特点：第一，低碳技术创新具有更大的经济外部性。以赢利为目的的市场主体在进行一般技术研发时，其主要目的在于获得技术领先地位，进而获得市场优势。低碳技术创新，则不仅能够使创新者获得技术领先地位，同时，由于低碳技术利用，还能给社会带来环境保护收益。而该环境保护收益，是由整个人类分享的，创新者并不能通过市场行为从中获得特别的经济利益。因此，在某些情况下，低碳技术创新即使未给创新者本人带来实在的经济利益，但是，对整个社会来说却可能具有重大价值。比如可降解材料的技术创新，由于可降解材料的制造成本要远高于塑料，创新者在正常的市场环境下不可能将该技术进行实际应用，当然也就不可能通过市场行为获得相应的经济回报，但是该创新对我们治理塑料污染，保护环境，显然具有重要意义。第二，低碳技术创新与一般技术创新相比，更需要国家或社会的公共资金的资助。正是由于低碳技术创新具有更大的经济外部性，全球都能通过该创新获得环境保护收益，因此，具有公益性质的公共资金就应更加优先地资助低碳技术创新。事实上，低碳技术创新也正在获得越来越多的公共资金的资助。第三，低碳技术创新对环保政策和气候变化谈判进程更加敏感。例如，1997～2000 年 3 年间全球光伏发电专利申请即增长了 1 倍，如此快速的增长，与 1997 年《京都议定书》的签订密不可分。

　　环保政策、气候变化谈判进程和公共资金资助固然对低碳技术创新的影响至关重要，但知识产权保护制度对低碳技术创新亦具有重要激励作用。在市场经济条件下，知识产权保护制度的主要目标就是激励创新。智力成果是一种信息，具有"难开发易复制"的特点。在市场经济条件下，如果对智力成果不赋予创造人以财产权，创造人一旦创造出智力成果，那么其他人就可以轻而易举地拿去使用，并且不用付出任何代价。创造人在投入大量的资金和劳动之后一无所获，其创造欲望与创造能力自然枯竭，而社会上将会充斥大量的"搭便车者"。相反，如果国家对智力成果赋予创造人以排他性的权利，给予创造者合理的回报，那么必然会大大刺激市场主体的创造欲，激励创新成果的不断涌现。❶ 特别是低碳技术具有显著的外部性和公益性，创新者在投入大量的资源后，如果对其创新成果不能获得相应保护，必然会极大地打击市场主体在低碳技术领域的创新积极性，那么也会导致环境保护和节能减排这个具有重大社会公益价值的目标难以实现。

知识产权保护制度对低碳技术创新的促进作用主要表现在两个方面：一是知识产权制度对包括低碳技术创新在内的所有技术创新所具有的促进和激励作用；二是知识产权制度对低碳技术创新所特别具有的促进和激励作用。

知识产权制度之所以对低碳技术创新可能具有不同于其他技术创新的特别的促进和激励作用，主要是因为低碳技术创新具有社会公益价值，并且在考虑到气候变化问题日益严峻的形势下，一些政府和国际组织在原有知识产权制度的基础上已经或将要出台专门针对低碳技术创新的知识产权特别制度。这些专门针对低碳技术创新的特别知识产权制度，极有可能促进或便利市场主体进行低碳技术创新。根据有关国家和国际组织的实践与计划，针对低碳技术创新的特别知识产权制度主要包括：

第一，低碳或绿色专利分类。专利分类制度对于快速定位和查找相关专利文献具有极为重要的意义。原有的专利分类制度，如使用范围最广的国际专利分类（International Patent Classification，IPC），通常是技术领域及技术用途进行分类，例如国际专利分类即分为 8 个部类：分别是：A 部：人类生活必需；B 部：作业，运输；C 部：化学，冶金；D 部：纺织，造纸；E 部：固定建筑物；F 部：机械工程、照明、加热、武器、爆破；G

---

❶ 尹锋林. 论自主创新与知识产权保护［J］. 学习论坛，2006（12）.

部：物理；H 部：电学。而低碳技术并非专属于上述任何一个部类，亦即低碳技术可能属于多个不同的部类，每个部类之中都可能含有低碳技术。例如：节能的运输工具属于低碳技术，物理、化学部类中也含有大量的低碳技术。而这种分类制度就有可能导致科研人员不能快速而准确地获取低碳技术信息，从而会阻碍科研人员充分掌握已有低碳技术成果，导致重复研究和宝贵研究资源的浪费，自然不利于低碳技术创新。为了避免低碳领域重复研究，促进真正的低碳技术创新，欧洲专利局于 2010 年 6 月启用了绿色专利分类方法。欧盟的绿色专利分类方法是在不改变国际专利分类的前提下，对属于节能环保的技术，无论其属于国际专利分类下的哪一个领域，均为其增加一个特别分类号 Y02，表示其属于绿色专利技术。另外，世界知识产权组织为了促进低碳技术的创新与利用，亦在国际专利分类（IPC）的基础上，开发了一种"绿色"专利便捷检索工具。其主要内容是：由国际专利分类专家委员会依据《联合国气候变化框架公约》（UNF-CCC）所列技术词语挑选与其最相关的国际专利分类位置，形成"国际专利分类绿色清单"（IPC Green Inventory），以有助于创新者或商业竞争者快速检索低碳专利技术，进而促进低碳技术创新。❶

第二，低碳专利申请快速审查制度。各国专利局对发明专利进行审查的周期通常较长，短则一两年，多则五六年。而低碳技术较之其他技术而言，由于政策和政治进程的推动，从技术到产品再到商业化的过程极为迅速，市场竞争态势亦瞬息万变。以太阳能晶片的主要原料多晶硅为例，2008 年的市场价格为 700 万元每吨，而到了 2009 年其价格则急速降至 70 万元每吨，为上一年度的 1/10。到 2009 年 8 月，国家发改委则进一步将多晶硅列为产能过剩产业，限制其发展。在市场环境快速发展的低碳经济领域，如果低碳技术创新者不能对其技术快速获得专利授权，那么就有可能严重打击其创新积极性，从而对低碳技术创新产生不利影响。正是考虑到这一点，一些发达国家专门对低碳技术开辟了专利授权的绿色通道，大大加快了对低碳技术的专利审查进度。以英国为例，英国知识产权局在

❶ 任晓玲. 世界知识产权组织推出"绿色"专利便捷检索工具［EB/OL］. http：//www. sipo. gov. cn/dtxx/gw/2010/201010/t20101008_ 539958. html.

17

2009 年 5 月 12 日开始对绿色技术实施加快审查制度。只要申请人的发明属于应对气候变化的绿色技术，那么就可以申请加速审查。目前，英国的专利申请周期为 2～3 年，而绿色技术走加速审查的途径，只需 9 个月即可获得专利授权。❶另外，美国、日本、韩国也已将绿色技术纳入加速审查项目之中，加拿大和澳大利亚亦有计划对绿色专利申请进行加速审查，以使其尽快获得专利授权，进行激励绿色技术的研发与利用。

第三，低碳技术专利费用资助制度。为了降低低碳专利技术所有人申请专利的经济负担，鼓励低碳技术所有人尽快将其技术申请专利，从而使其低碳技术信息与社会分享，促进低碳专利技术的创新与研发，我国正在讨论建立专门针对低碳技术专利申请费用的资助制度。目前，我国专利费用资助制度包括两类：一是国家知识产权局实施的针对缴费确有困难的专利申请人或者专利权人的普遍减缓制度；二是地方政府实施的针对本地专利申请人或者专利权人的专利费用无偿资助制度。国家知识产权局实施的普遍减缓制度伴随着专利制度得以建立，地方政府实施的无偿资助制度从 1999 年开始试行，目前已经为绝大多数地方政府普遍实施。国家知识产权局在 2008 年 1 月 21 日颁布《关于专利申请资助工作的指导意见》，推动地方政府实施的专利费用无偿资助制度加以完善。另外，财政部还于 2009 年 8 月 28 日颁布了《资助向国外申请专利专项资金管理暂行办法》，对向国外提出的专利申请加以资助，以引导我国企业构建核心竞争力，积极拓展海外市场。因此，借助对我国创新主体的公共财政资助，引导和激励我国创新主体的创新方向。2010 年国务院常务会议通过了《关于加快培育和发展战略性新兴产业的决定》，将低碳产业列入国家战略性新兴产业。由于低碳技术是我国着力发展的创新方向之一，代表了未来先进技术和经济模式的方向。科技部正在起草的《"十二五"国家应对气候变化科技发展专项规划》和国家发展与改革委员会正在起草的《低碳经济发展指导意见》亦体现了这一点。因此，借鉴向国外提出的专利申请的资助制度，实施低碳技术专利申请的专项资助，积极引导我国创新主体对于低碳技术发明创

---

❶ 何隽. 从绿色技术到绿色专利——是否需要一套因应气候变化的特殊专利制度 [J]. 知识产权，2010 (1).

造的积极性，推动我国创新主体占据低碳技术的核心竞争力，对我国未来经济发展具有重要意义。❶

第二节

知识产权保护制度对低碳技术转移的实质影响

低碳技术转移，尤其是从发达国家向发展中国家的低碳技术转移，对全球应对气候变化的挑战至关重要。以技术转移的地域范围为标准，可以将低碳技术转移分为国内低碳技术转移和国际低碳技术转移。以技术转移的具体形式为标准，可以将低碳技术转移分为以下几类：一是单纯的技术转移，即仅以专利、专有技术和其他智力成果的所有权或使用权为交易对象的技术转移方式，不包括其他标的的转移，这种方式的技术转移可以使发展中国家获得独立地制造低碳产品的能力；❷ 二是与设备或产品买卖相结合的技术转移，比如无氟冷却设备、光伏发电设备等的交易；三是与国际直接投资（FDI）相结合的技术转移；四是通过合作开发形式进行低碳技术转移。❸ 在市场经济条件下，无论是何种形式的低碳技术转移，均与知识产权保护制度密不可分。相对于低碳技术创新而言，知识产权保护制度对低碳技术转移的影响更为复杂和多变。具体而言，知识产权保护制度对低碳技术转移的影响主要可以分为积极影响和消极影响两个方面。

---

❶ 张鹏. 论低碳技术创新的知识产权制度回应 [J]. 科技与法律，2010（3）.

❷ John H. Barton, Intellectual Property and Access to Clean Energy Technologies in Developing Countries – An Analysis of Solar Photovoltaic, Biofuel and Wind Technologies.

❸ 齐俊妍. 国际技术转让与知识产权保护 [M]. 北京：清华大学出版社，2008：6 – 8.

一、积极影响

首先，完善的知识产权保护制度能够有效降低低碳技术拥有者与使用者之间的交易成本。对技术拥有者来说，如果没有知识产权制度，特别是如果没有专利制度的保护，那么技术拥有者就只能依靠合同来要求技术受让者不公开其技术、不让他人使用其技术。对于技术拥有者来说，这种依靠合同的保障在商业上风险较大。如果技术受让者违反合同约定将技术信息泄露给第三人或将该技术信息公开，那么技术拥有者就只能根据合同从技术受让者处获得救济，却不能从实际获益的第三人处获得赔偿。这样，如果技术受让者承担经济赔偿的能力有限，那么技术拥有者则很可能得不到足够的赔偿。因此，如果没有专利保护，必然会使技术拥有者在转移技术时畏首畏尾，瞻前顾后，从而大大减少技术转移的交易机会，相应地也就增加了交易成本，而完善的知识产权保护制度，则能有效避免这种情况发生。

其次，完善的知识产权保护制度有助于交易双方对技术的价值进行公平合理地评估，保障双方当事人的经济利益，从而促进技术转移的进行。无论是单纯的技术转移，还是与产品相结合的技术转移，抑或是以技术作价投资的技术转移，对待转移的技术进行公平合理的价值评估均是技术转移的一个前提条件。如果存在完善的知识产权保护制度，特别是存在完善的专利保护制度，那么技术受让者通常可以通过专利说明书了解技术的内容，对技术的价值进行评估，这样在技术转移时，技术拥有者和技术受让者双方的谈判和技术转移合同的拟定就会简单很多。

再次，专利技术文献是技术转移的重要中介媒介。经过细致而周全的分类的专利说明书和专利申请文件所包含的技术信息，是目前世界上任何人都可以获得的唯一最有价值最全面的技术来源。专利文件中对发明有详细的说明，可以据以对技术进行评价。此外，专利文献中还记载了专利权人或申请人以及发明人的姓名或名称、地址，这就为技术使用者找到技术拥有者或发明者指明了路径，便于进行联系，洽谈技术转移事宜。

另外，从技术受让者角度而言，在通常情况下，其更希望接受有知识产权保护的技术。这主要是因为：第一，有知识产权保护的技术，其技术信息通常更全面、更有效，更容易使技术受让者尽快消化吸收，形成自己的技术能力和生产制造能力；第二，技术受让者在获得技术后，亦可以根据该技术所享有的知识产权，获得一定程度的市场优势。

最后，完善的知识产权制度是吸引国外投资的一个重要因素。对发展中国家而言，外国直接投资，通常伴随着相应技术的转移。而完善的知识产权制度是使外国人作出投资决定的重要因素之一。知识产权制度为鼓励、吸引外国投资及相应的技术转移提供了制度化环境。❶ 尤其是对竞争激烈且技术密集的低碳经济领域，知识产权保护制度对外国人作出投资决定具有重大影响。

二、消极影响

虽然从理论上分析，知识产权保护制度对低碳技术转移具有上述种种促进作用，但是，任何事物均利弊相生，知识产权保护制度对低碳技术转移亦有可能产生一定的掣肘和阻碍作用，主要表现在以下方面：

首先，知识产权许可或转让费用，是技术受让者获得低碳技术的一个重要障碍。如果低碳技术享有知识产权，那么技术使用者使用该技术通常就需要向权利人支付一定的使用费或转让费。而对发展中国家的技术使用者而言，由于其支付能力有限，那么就相应地降低了其获得低碳技术的可能性。因此，在气候谈判中，发展中国家认为特别强调知识产权保护能够阻碍发展中国家利用新技术，例如，知识产权保护可以使拥有专利的企业对产品保持高价，进而使发展中国家不可能获得这种产品。由于大部分专利属于发达国家所有，特别是由于 Trips 协议对专利权的强化保护，知识产权保护有可能使发展中国家在获得低碳技术方面面临越来越大的困难。

---

❶ 汤宗舜. 专利法教程 [M]. 北京：法律出版社，2003：16.

其次，气候变化谈判中低碳技术转移的费用承担问题的巨大分歧，亦是低碳技术技术转移裹足不前的一个重要原因。发达国家参与气候谈判的主要目的在于使全球认识到减少温室气体排放的必要性，并切实敦促各国采取必要措施，以避免因为未来气候变化而导致更大损失。而发展中国家则从现实出发，指出当前温室气体存量的主要部分来自发达国家，未来几十年内温室气体排放也主要与发达国家相联系，气候变化问题主要是发达国家在过去 200 年间经济活动的结果，因此他们认为，在应对气候变化挑战过程中，只有亦将发展中国家的经济进步和贫困消减作为一个基本目标，才是完全公平合理的。有关减排的任何气候变化国际协议均不能以限制发展中国家的经济增长为代价。因此，发展中国家认为：为了应对气候变化的挑战和全球的福利，发达国家有义务为其承担低碳技术转移的知识产权费用。但是，这一点并不能获得发达国家的认可。

最后，发达国家通过知识产权制度对低碳技术的垄断，亦是发展中国家难以获取有效低碳技术的一个重要原因。对于一个国家、产业或企业提升市场竞争优势而言，发展和形成新的技术能力均是至关重要的。所以，发展中国家从自身经济发展的角度出发，自然会将低碳技术转移和发展低碳技术能力作为气候谈判的中心议题。然而发达国家并没有考虑发展中国家的上述合理要求，发达国家的首要或最终目的就是减少温室气体的排放。技术转移对发展中国家技术能力建设和经济发展的影响并不是发达国家所首先考虑的问题。事实上，对发达国家及其拥有先进低碳技术的企业而言，保持其技术能力的领先优势，更有利于确保其既得利益。例如，光伏电池可以有效地减少温室气体排放，如果百分之百地由发达国家向发展中国家销售光伏电池，亦能满足环境保护的需要，但是这样做，却不能实现发展中国家的利益要求，即对发展中国家技术能力的提升没有帮助。发达国家从其自身利益出发，对某些关键的低碳技术从不向发展中国家转移。相反，却经常利用专利加技术诀窍的方式，综合利用知识产权制度，保护并垄断相关市场，从而使发展中国家长期难以获得某些关键低碳技术。

三、知识产权与低碳技术转移的实证研究❶

截至目前，关于知识产权与低碳技术转移的实证研究还非常有限，主要有如下 7 篇文章：第一，Barton 对三种可再生能源（光伏能源、风能和太阳能）进行的实证分析。❷ 第二，Lewis 对中印风能产业所做的深入分析。❸ 第三，Harvey 对低碳技术的知识产权在发展中国家的潜在作用进行了分析。❹ 第四，贸易与可持续发展国际中心（ICTSD）在"通往哥本哈根的气候变化与贸易"一文中对知识产权的可能作用进行了分析。❺ 第五，Oliva 从向发展中国家转移技术和知识产权问题在气候谈判中的可能解决方式角度对该问题进行了实证研究。❻ 第六，Ockwell 通过案例分析的方式对知识产权问题进行了尝试性的分析。❼ 该案例分析涉及集成气化联合发电系统（IGCC），发光二极管技术（LED）、混合动力汽车技术和生物发电及其改进技术的知识产权问题。第七，Varun Rai 等人对国际低碳技术转移的

---

❶　David G. Ockwell, Ruediger Haum, Alexandra Mallett and Jim Watson1, Intellectual property rights and low carbon technology transfer: conflicting discourses of diffusion and development.

❷　Barton, J. H. 2007. Intellectual Property and Access to Clean Technologies in Developing Countries. An Analysis of Solar Photovoltaic, Biofuel and Wind Technologies. International Centre for Trade and Sustainable Development (ICTSD), Geneva, Swtzerland.

❸　Lewis, J. I: 2007. Technology Acquisition and Innovation in the Developing World: Wind Turbine Development in China and India. Studies in comparative international development 42: 208 – 232.

❹　Harvey, I. 2008. Intellectual Property Rights: The Catalyst to Deliver Low Carbon Technologies. Breaking the Climate Deadlock, Briefing Paper. Ian Harvey and the Climate Group, London.

❺　ICTSD. 2008. Climate Change and Trade on the Road to Copenhagen. ICTSD Trade and Sustainable Energy Series Issue Paper No. 3. Forthcoming from the International Centre for Trade and Sustainable Development, Geneva, Switzerland.

❻　Oliva, M. J. 2008. Climate Change, Technology Transfer and Intellectual Property Rights, prepared for the seminar Trade and Climate Change, Copenhagen June 18 – 20, 2008. Winnipeg: International Institute for Sustainable Development/International Centre for Trade and Sustainable Development.

❼　Ockwell, D., J. Watson, G. MacKerron, P. Pal, and F. Yamin. 2006. UK – India Collaboration to Identify the Barriers to the Transfer of Low Carbon Energy Technology. Report by the Sussex Energy Group (SPRU, University of Sussex), TERI and IDS for the UK Department for Environment, Food and Rural Affairs, London. http: //www. sussex. ac. uk/sussexenergygroup/1 – 2 – 9. html. See also Ockwell, D., J. Watson, G. MacKerron, P. Pal, and F. Yamin. 2008. Key policy considerations for facilitating low carbon technology transfer to developing countries. Energy Policy, DOI: 10. 1016/j. enpol. 2008. 06. 019.

驱动力问题做了深入实证研究，并得出了有意义的结论。[1]

上述实证分析显示：发展中国家的企业几乎可以获得发达国家已经成熟的所有低碳技术，并且较大的发展中国家，如印度和中国，已经具有较强的低碳技术内生研发能力。在印度，集成气化联合发电系统（IGCC）和混合动力汽车技术仍然处于研发阶段，并且这两项技术的发展主要得益于本土研发，而非来自外国专利申请。印度的发光二极管制造商虽尚未涉足白光 LED 这一具有世界尖端水平的技术，但是作为发展中国家的中国却已经开始研发白光 LED。Harvey 在其研究中亦认为发展中国家通常可以获得低碳技术。事实上，发达国家的公司很少在最不发达国家申请专利，因为他们将申请专利的焦点的主要集中于具有实质市场的国家或地区。另外，他还主张，只要能够保障低碳技术产品不再返回至发达国家自身，发达国家的公司就应该以相对较低的价格在发展中国家销售该低碳产品，这样，绝大多数发展中国家感兴趣的低碳专利技术就可以在发展中国家使用。同时，他还针对知识产权有可能成为最不发达国家获得低碳技术障碍的问题，提出了一些解决途径：如在最不发达国家以零费用或优惠条款的方式许可使用低碳专利技术，或者由政府资助低碳技术专利技术的使用。

贸易与可持续发展国际中心（ICTSD）的研究指出：[2] 生物能源与风能领域的专利申请增长迅速，但关于知识产权是阻碍还是促进应对气候变化技术的传播，目前的研究尚不能给出明确结论。另外，贸易与可持续发展国际中心的研究报告还建议，在知识产权对低碳技术转移具有负面影响时，应该主要利用 Trips 协议中已有的机制安排以克服这种障碍，促进气候领域的低碳技术转移。可供利用的 Trips 协议机制主要包括：可专利性客体的例外，专利权的限制，强制许可，等等。

---

[1] Varun Rai, Kaye Schultz and Erik Funkhouser, Strategic Drivers of International Low - Carbon Technology Transfer. [2013 - 12 - 11] http：//papers. ssrn. com/sol3/papers. cfm? abstract_ id =2273544.

[2] ICTSD. 2008. Climate Change and Trade on the Road to Copenhagen. ICTSD Trade and Sustainable Energy Series Issue Paper No. 3. p. 36. Forthcoming from the International Centre for Trade and Sustainable Development, Geneva, Switzerland.

Ockwell 在其研究中指出❶，发展中国家获得尖端低碳技术的案例很少。中国四川一汽公司是个例外，该公司通过合资建厂的方式从丰田公司获得了混合动力汽车技术。但是四川一汽所获得混合动力汽车技术的范围可能仍然非常有限，因为混合动力汽车中的关键技术协力驱动装置仍然是在日本国内制造，然后再进口到中国进行整车组装。

Barton 和 Lewis 的研究展示了印度和中国如何通过技术许可的形式从发达国家获取风能技术。另外，印度亦通过对发达国家的相关公司进行战略收购的方式获取风能技术。在光伏发电领域，中国更加强调国内自主研发；而印度则主要通过与 BP 公司建立合资企业的形式获得光伏发电技术，这样印度在光伏发电领域的经济活动就将在很大程度上依赖于 BP 公司的全球市场战略。在生物能源领域，巴西、中国、印度、巴基斯坦、日本、泰国和马来西亚均具备强大的乙醇燃料工业。

Barton 在其研究中强调工业结构在发展中国家获取新技术中具有至关重要的意义。他认为，由于风能和光伏能源市场是一个相对集中的市场，该市场由数量较多但却有限的一些大公司主导，该市场仍然有一定的空间允许他人进入，在这样的市场结构下，发展中国家未来的市场机会将极有可能刺激低碳技术向发展中国家快速转移。另外，Barton 经过分析风能市场后认为，由于目前风能市场存在充分的国际竞争，因此，对某些发展中国家而言，获得低碳技术的使用许可并非昂贵到高不可及。但是，值得注意的是，由于风险投资更加青睐具有自主知识产权的低碳专利技术，而发展中国家企业的低碳技术通常来自发达国家，属于受让取得，不在风险投资重点关注的对象之列，所以发展中国家在获取低碳技术时就更有可能面临资金困难。

虽然发展中国家获取普通的低碳技术障碍并不明显，但是在获取尖端

---

❶ Ockwell, D., J. Watson, G. MacKerron, P. Pal, and F. Yamin. 2006. UK – India Collaboration to Identify the Barriers to the Transfer of Low Carbon Energy Technology. Report by the Sussex Energy Group (SPRU, University of Sussex), TERI and IDS for the UK Department for Environment, Food and Rural Affairs, London. http: //www. sussex. ac. uk/sussexenergy group/1 – 2 – 9. html. See also Ockwell, D., J. Watson, G. MacKerron, P. Pal, and F. Yamin. 2008. Key policy considerations for facilitating low carbon technology transfer to developing countries. Energy Policy, DOI: 10. 1016/j. enpol. 2008. 06. 019.

低碳技术方面，发展中国家明显存在重大困难。拥有太阳能光伏薄膜专利的公司和拥有生物燃料酶技术的公司仍然不肯将其技术提供给发展中国家的公司使用，由于这两个领域的市场高度集中，发达国家的公司可以通过价格机制非常轻易地将发展中国家的公司挤出市场。另外，在集成气化联合发电系统（IGCC），发光二极管技术（LED）方面，印度亦面临上述同样的困境，而不能获得发达国家相关尖端技术。

在获取尖端低碳技术方面，发展中国家也并非完全束手无策。作为全球第五大风能产品制造商的印度 Suzlon 公司，通过对发达国家相关公司的收购和控股，达到了获取发达国家尖端风能技术的目的。但是，通过此种方式获取尖端低碳技术亦具有很大的法律风险。例如，在美国，GE 公司就成功地通过专利侵权之诉阻碍了外国相关产品进入美国市场。研究还发现，由于发展中国家较低的劳动力成本与原材料价格优势，发达国家大型公司通常不愿意向发展中国家的潜在竞争对手转移低碳技术，但是，发达国家的中小企业由于其通常未进入发展中国家产品市场，这些中小企业为了获得较高的许可费更有意愿向发展中国家的公司转移低碳技术。虽然发达国家中小企业的低碳技术并不必然比发达国家大型公司的落后，但是由于中小企业的低碳技术在向发展中国家转移之前实际应用的机会相对较少，因此，有关该低碳技术的操作经验和在发展中国家成功实施该低碳技术的可能性亦较小，这是发展中国家在受让这些低碳技术时应该注意的问题。❶

Varun Rai、Kaye Schultz 和 Erik Funkhouser 三人通过对光伏发电技术、电动汽车技术和整体煤气化联合循环发电技术（IGCC）的国际技术转移现状进行研究发现，这些低碳技术的国际转移确实与发展中国家的知识产权保护水平有关，但同时还关涉很多其他因素，情况尤为复杂。❷ 对于发达国家的尖端低碳技术，由于这些技术在发达国家也正处于研发阶段，尚未

---

❶ Lewis，J. I. 2007. Technology Acquisition and Innovation in the Developing World：Wind Turbine Development in China and India. Studies in comparative international development 42：208 – 232.

❷ Varun Rai，Kaye Schultz and Erik Funkhouser，Strategic Drivers of International Low – Carbon Technology Transfer. ［2013 – 12 – 11］ http：//papers. ssrn. com/sol3/papers. cfm？ abstract ＿ id ＝ 2273544.

产业化，且研发成本与转让价格均很高昂，因此，发展中国家即使具有良好的知识产权保护环境，也很难获得发达国家的这些尖端低碳技术。

对于成熟的低碳技术，发达国家权利人在向发展中国家转移低碳技术时，确实会把发展中国家的知识产权保护状况作为一个重要的考量因素，但不是唯一的或决定性因素。该实证研究发现，作为低碳技术受让方的发展中国家企业与作为技术供给方的发达国家企业通常是同一量级的企业或受让方企业规模大于供给方企业规模，而较少有供给方企业规模大于受让方企业规模的情况。例如，在该研究所收集的中国、印度与发达国家进行低碳技术转移的案例中，中国或印度受让方企业规模小于供给方企业规模的仅占 18%。

通过该研究的实证调研发现，发达国家低碳技术权利人之所以偏爱选择发展中国家大企业作为合作对象和技术受让人，主要是有两点考虑：第一，发展中国家知识产权保护总体水平不高，而发展中国家大企业可以在发展中国家本地营造有利于低碳技术权利人的知识产权保护小环境。发展中国家的大企业，特别是像中国的大型国有企业，由于对国内地方政府具有较强的影响力，因此，即使发展中国家知识产权保护的总体水平和执法环境不理想，发展中国家的大企业也可以说服地方政府对境外的合作对象给予实质的较高的知识产权保护，从而确保低碳技术权利人在发展中国家的利益。第二，发展中国家大企业履约诚信度较高。国际技术转移基本的执行步骤是发达国家权利人将技术转移给发展中国家受让方，发展中国家受让方利用该技术获得经济回报后再向权利人支付合同价款，因此，对发达国家权利人而言，发展中国家受让方的履约诚信则至为关键。相对而言，发展中国家的大企业更注重长期的发展和企业的商誉，较少为了短期利益而撕毁合同，或不履行先前的承诺。

另外，该实证研究还发现，发达国家中小企业向发展中国家转移低碳技术的情况较少，其转移的动力亦远低于发达国家大企业。在美国等发达国家，中小企业是低碳技术创新的重要力量，发达国家的低碳技术有相当一部分掌握在中小企业手里。这些发达国家的中小企业权利人并非不希望向发展中国家转移低碳技术，但是由于他们具有发达国家大企业同样的顾虑，担心自身的知识产权不能在发展中国家获得应有的保护，也希望与发展中国家大企业合作实施其低碳技术，但由于其企业地位、谈判能力有限，很难与发展中国家大企业达成理想的合作协议，因此，也就导致了发达国家中小企业向发展中国家转移低碳技术的裹足不前。

根据上述实证研究，从发达国家政府角度而言，为了促进低碳技术向发展中国家转移，履行其技术转移的国际责任，应对气候变化挑战，发达国家政府应该特别重视为其中小企业向发展中国家转移低碳技术提供便利条件和优惠措施，增强其中小企业向发展中国家转移低碳技术的积极性和动力。从发展中国家引进发达国家低碳技术的角度而言，发展中国家政府一方面，应该向发达国家权利人，特别是向发达国家的中小企业，积极宣传和介绍本国在知识产权保护方面所取得的成绩和进步，增强发达国家低碳技术权利人向发展中国家转移低碳技术的信心；另一方面，发展中国家政府还应努力为发达国家企业，特别是为发达国家中小企业，提供低碳技术转移的便利措施，积极为他们在国内寻找适当的合作对象，进而促进发达国家低碳技术向本国转移。

四、我国低碳技术转移与知识产权问题

据统计，2008 年中国的能源消费中，煤炭占 68.67%，石油和天然气分别占 18.78% 和 3.77%，传统能源占 91.22%，煤炭在我国的能源结构中占有绝对主导地位。虽然我国已是全球最大的太阳能热水器生产国和应用国，但是，我国对太阳热能利用技术基本处于低温利用阶段，产品多集中在低温生活用水上，而太阳能与建筑一体化、太阳能中高温利用、太阳能海水淡化、太阳能热发电等一系列大规模开发太阳能热利用的重要途径，还都只是处于尝试阶段。太阳能光伏产品主要出口欧美，在国内利用很少，且普遍用于建筑，尚未集中发电并网。相对而言，风能发电的情况好一些，根据国家发展和改革委员会发布的《可再生能源"十一五"规划》，2010 年我国风电累计装机容量达到 1000 万千瓦，实际可达 2000 万千瓦。可是，由于风电、太阳能等新能源发电的间歇性、随机性、可调度性低的特点，大规模接入后对电网运行会产生较大的影响，需加大调峰电

源建设，因此风电的大规模并网，迄今仍很有限。❶

在技术层面上，2005～2009 年与太阳能技术有关的在华专利申请量为 13 461 件（包括发明、实用新型和外观设计专利申请），外国人同期在华专利申请量为 780 件，占总量的 5.79%。虽然外国人所占总量并不大，但是，其申请绝大多数为发明专利申请。目前我国光伏组件企业多进口国外的多晶硅，而不采用国产多晶硅，原因是国内最早的多晶硅生产技术是从俄罗斯引进，虽经后续研发，但与发达国家相比仍存在能耗高、质量不稳定等问题，且因缺乏核心技术，设备大多引进，导致成本过高，生产的多晶硅价格高于国外同类产品。由于多晶硅生产过程中造成严重的环境污染，加上 2008 年以来原材料价格上涨，因此国内企业转向生产新一代的薄膜电池生产，主要引进美国应用材料公司和欧瑞康公司的技术和设备，但是，这些引进的技术和设备与国际上最先进的技术仍有 10 年的差距。业内人士披露：世界上最先进的薄膜电池生产企业一般都不向中国输出薄膜电池的工艺和技术。❷ 由此可见，虽然近年来我国太阳能电池生产企业发展很快，自主研发能力显著提高，专利申请量增长较快，但是，与发达国家和地区相比，仍处于整体相对落后状态。国外厂商通过向我国企业高价转让生产线，包括了相当数量的先进技术，但是，最先进的核心技术既没有在我国转让，也未在我国申请专利。❸

在风电领域，近年来外国人在华专利申请量和授权量增长迅猛（见表 2－1）。2005 年外国人在华风电发明专利授权量为 1 件，占国内全部风电发明专利授权量的 20%；2009 年外国人在华风电发明专利授权量增加到 22 件，占当年国内全部风电发明专利授权量的 47.8%。在风能方面，技术依旧是制约中国发展的瓶颈，国内 90% 以上的风电企业从国外高价购买图纸，采购国外的零部件后进行组装。尽管最近几年中国风电装机容量每年都翻番，而且中国风机制造企业占国内的市场份额也超过 50%，但是如果仔细分析这些专利的实际申请人，会发现这些专利大多数都是由外国企业

---

❶❸ 张乃根. 论后《京都议定书》时期的清洁能源技术转让 [J]. 复旦学报：社会科学版，2011（1）.

❷ 陆晓辉. 我国光伏行业核心技术缺失凸显危机 [N]. 中国高新技术产业导报，2010－5－10.

在华子公司所申请。❶ 我国风能产业在大功率风机的整机及风叶设计、风机控制系统等核心技术方面仍未突破发达国家的技术壁垒。国外著名风机厂商在我国转让的是中、低端技术的风机生产技术，而将最先进的技术牢牢把握在自己手里。我国企业必须走自主创新道路，而不能满足于引进技术，永远跟在别人后面。

表 2 – 1　外国公司申请风能技术相关中国专利❷

申请年份	美国通用电气公司（件）	德国西门子公司（件）	德国诺德克斯能源有限公司（件）	德国再生动力系统股份公司（件）	美国剪式风能科技公司（件）
2005	8	2	4	6	1
2006	26	1	4	3	1
2007	22	6	12	9	5
2008	53	21	6	2	0
2009	29	11	5	2	0
总计	138	41	31	22	7

---

❶ 联合国. 中国人类发展报告：迈向低碳经济和社会的可持续未来 [D]. 2010：51.

❷ 张乃根. 论后《京都议定书》时期的清洁能源技术转让 [J]. 复旦学报：社会科学版，2011（1）.

第三章

发达国家促进低碳技术转移的
国际责任

第一节

历史责任与道义责任

一、历史责任

气候变化（climate change）主要表现为三方面：全球气候变暖（Global Warming）、酸雨（Acid Deposition）、臭氧层破坏（Ozone Depletion），其中全球气候变暖是人类目前最迫切的问题，关乎到人类的未来。气候变化导致灾害性气候事件频发，冰川和积雪融化加速，水资源分布失衡，生物多样性受到威胁。气候变化还引起海平面上升，沿海地区遭受洪涝、风暴等自然灾害影响更为严重，小岛屿国家和沿海低洼地带甚至面临被淹没的威胁。气候变化对农、林、牧、渔等经济社会活动都会产生不利影响，加剧疾病传播，威胁社会经济发展和人民群众身体健康。据政府间气候变化专门委员会报告，如果温度升高超过 2.5℃，全球所有区域都可能遭受不利影响，发展中国家所受损失尤为严重；如果升温 4℃，则可能对全球生态系统带来不可逆的损害，造成全球经济重大损失。

气候变化的原因既有自然因素，也有人为因素。在人为因素中，主要是由于工业革命以来人类活动特别是发达国家工业化过程的经济活动引起的。化石燃料燃烧和毁林、土地利用变化等人类活动所排放温室气体导致大气温室气体浓度大幅增加，温室效应增强，从而引起全球气候变暖。据联合国相关报告统计，大气中二氧化碳的浓度工业革命前为 280ppm，2005年为 379ppm，上升幅度达到 35%，超出了此前 65 万年的自然变化范围。

由此可见，人类的经济活动是目前全球气候变化的主要原因。目前，全球科学家的共识是：有90%以上的可能是人类自己的责任，人类今天所做的决定和选择，会影响气候变化的走向。

而自工业革命以来，人类温室气体的排放主要来自西方发达国家。根据美国橡树岭实验室研究报告，自1750年以来全球累计排放1万多亿吨二氧化碳，其中，发达国家排放约占80%。另据国家发展和改革委员会主任马凯在分析中国政府应对气候变化方面的有关情况时给出的统计数字，从工业革命开始到1950年，人类由于化石燃料燃烧释放的二氧化碳的总量中发达国家占了95%；从1950～2000年，这50多年来，发达国家的排放量仍占到总的排放量的77%。❶另外，即使目前发达国家的人均排放水平仍然远远高于发展中国家。2005年，世界人均二氧化碳排放量7.5吨，其中美国人均20吨，高出世界人均水平的167%，欧盟与日本的人均排放水平是10吨，高出世界人均水平的33%，中国的人均排放水平仅为5吨，是美国的1/4，欧盟、日本的1/2，世界人均水平的2/3。因此，无论从历史还是现实上看，发达国家在其实现工业化、现代化的过程中，无约束地、大量地排放了温室气体，是目前全球气候变化的主要原因。所以，本着"谁污染，谁治理"这个最基本的公平正义原则，发达国家采取各种措施有效降低全球温室气体排放，是其不可推卸的历史责任。发达国家承担历史责任，采取的措施主要应该包括两个方面：一是与降低本国温室气体排放有关的措施；二是帮助发展中国家降低温室气体排放的措施。其中，发达国家帮助发展中国家降低温室气体排放的措施即应包括采取有效措施向发展中国家转移低碳技术，以从技术上帮助发展中国家降低温室气体排放并适应气候变化所来带来的影响。

二、道义责任

在帮助发展中国家应对气候变化问题上，发达国家不仅具有历史责任

---

❶　发达国家对气候变化负有不可推卸责任应承担主要义务［EB/OL］. http：//www. gov. cn/wszb/zhibo74/content_ 635138. htm.

向发展中国家转移有效的低碳技术，同时发达国家还有道义上的责任向发展中国家提供应对和适应气候变化的帮助。当前，由于发达国家长期的、大量的温室气体的排放，气候变化已经不是理论上的推论，而是已经实实在在摆在所有国家，特别是一些易受气候变化影响的发展中国家面前的一个重要而迫切问题。被称为"亚洲水塔"的青藏高原冰川是中国乃至亚洲许多主要大江大河的源头，数亿人的用水问题也与之息息相关。而人类大量燃烧化石燃料导致的全球变暖，使冰川加速退缩。喜马拉雅冰川的消融比世界任何地区都快，联合国政府间气候变化专门委员会（IPCC）发布的报告指出，根据目前的全球变暖趋势，不到 30 年，80% 面积的喜马拉雅冰川将消融殆尽。这对于中国本来就日益严峻的水资源短缺问题，无疑是雪上加霜。又如，全球气候变化已经导致海平面上升，据统计，我国在近 30 年来沿海海平面总体上升了 90 毫米，比全球平均速度还快。海平面的上升将威胁沿海地区的安全，特别是对马尔代夫等岛屿国家来说，将会面临灭顶之灾。

而在减缓和应对全球气候变化的低碳技术方面，发达国家则占有绝对优势。联合国环境计划署（UNEP）、欧洲专利局（EPO）、贸易与可持续发展国际研究中心（ICTSD）联合开展的实证研究已经表明，目前全球低碳技术主要掌握在日本、美国、德国、韩国、英国和法国等发达国家手中，仅这 6 个发达国家在 1978～2006 年之间的低碳专利申请量就占据了全球低碳专利申请总量的 80%，且在各个领域都占有绝对优势。❶

根据欧洲专利局 2009 年年度统计报告，2009 年各国向欧洲专利局提出风电专利申请的数量 432 件，比 2008 年上升了 51%。在该 432 件风电专利申请中，来自美国的申请占风电专利申请总量的 28%，来自德国的申请占总量的 23%，来自丹麦的申请占总量的 19%，来自西班牙的申请占总量的 5%，来自日本的申请占总量的 4%。因此，仅这 5 个发达国家的风电专利申请就占欧洲专利局风电专利申请总量的 79%，而其他国家（包括其他发达国家和所有发展中国家）在欧洲专利局提交的风电专利申请总和仅为

---

❶ UNEP，EPO，ICTSD：Summary of the report of Patents and clean energy：bridging the gap between evidence and policy. 2010. p. 4.

风电专利申请总量的 21%。同时，欧洲专利局的年度统计报告还表明，风电专利申请主要集中于一些大型跨国公司手中。在该 432 件风电专利申请中，通用电气公司（General Electric）为 130 件，Vestas 公司为 72 件，西门子公司为 61 件，Repower Systems 公司为 43 件，LM Glasfiber 公司为 36 件，仅这 5 家公司即占了欧洲专利局风电专利申请总量的 79%。由此可见，发达国家在风电领域占有绝对的技术优势，并且向一些大公司高度集中。❶

在光伏发电技术领域，欧洲专利局的相关专利申请亦显示与风电领域专利申请相类似的趋势。2009 年各国向欧洲专利局提交的光伏专利申请共 363 件，较 2008 年上升了 10%。在该 363 件光伏专利申请中，来自日本的专利申请占 29%，来自美国的占 21%，来自德国的占 13%，来自法国的专利申请占 7%，来自韩国的专利申请占 6%，因此，来自这 5 个发达国家的光伏专利申请即占光伏专利申请总量的 76%，而其他所有国家的光伏专利申请总和仅占光伏专利申请总量的 24%。另外，在该 363 件光伏专利申请中，Sanyo 公司的申请量为 26 件，Sharp 公司的申请量为 21 件，Micron Technology 公司的申请量为 20 件，Sony 公司的申请量为 19 件，LG 公司的申请量为 12 件，上述 5 家公司占欧洲专利局光伏发电专利申请总量的 27%。❷

发达国家具备强大的减缓和应对气候变化的技术能力，并且对其低碳技术在全球很多国家或地区申请了专利。发达国家相对于发展中国家而言，在减缓和应对气候变化方面，具有绝对的技术优势，有能力为发展中国家提供技术帮助和支持。而发展中国家在承受发达国家所制造的气候变化恶果的同时，还通过自身的努力，尝试减缓气候变化。发展中国家在减缓气候变化方面的努力和工作，不仅对发展中国家自身有利，同时也能为包括发达国家在内的所有其他国家带来实实在在的环境利益。例如，我国近年来通过采取了一系列政策和措施，努力减缓温室气体排放，加强应对气候变化能力建设，取得了显著成效。仅 2006 ~ 2008 年 3 年间，中国单位

---

❶　EPO Annual Report 2009，p. 8. www. epo. org/annual – report，June 2010.

❷　EPO Annual Report 2009，p. 21. www. epo. org/annual – report，June 2010.

国内生产总值能耗强度就累计下降 10.1%；2009 年上半年又比 2008 年上半年下降 3.35%，为全球应对气候变化挑战做出了重要贡献。❶ 而发达国家显然不应坐享其成。作为掌握全球绝大部分低碳技术的且利益攸关的发达国家负有当然的道义责任，应当便利和促进向发展中国家转移低碳技术，以切实帮助发展中国家减缓温室气体的排放，适应气候变化的负面影响。

第二节

联合国人类环境大会斯德哥尔摩宣言

　　早在 20 世纪初，人类就已经意识到工业化发展会对人类环境造成不利影响。联合国成立之后，亦曾多次召开有关环境保护问题的国际会议，探索和协调保护环境的解决之道。1972 年，在广大发展中国家的推动下，联合国在瑞典首都斯德哥尔摩召开了规模空前的联合国人类环境大会。该次环境大会在环境保护问题上达成了广泛共识，并通过了一个有关环境保护的重要宣言，即《联合国人类环境大会斯德哥尔摩宣言》（以下简称《宣言》）。❷

　　《宣言》主要分为两大部分：第一部分是序言，主要阐述了人类与环境的关系：人类与环境有着互相影响和互相依存的密切关系；人类的活动已经破坏了环境，保护和改善人类环境关系到世界各国人民的幸福和经济发展，是各国人民的迫切愿望与政府责任；各国政府和人民为全体人民和

---

❶　国家发展和改革委员会：《中国应对气候变化的政策与行动——2009 年度报告》，2009 年 11 月。

❷　Stockholm Declaration of United Nations Conference on the Human Environment.

子孙后代的利益，应当为此作出共同努力。第二部分则是由 26 条原则所组成的《宣言》正文，这些原则主要是就有关大自然保护、生态平衡、污染防治、城市化、人口、资源、经济、环境责任及赔偿、核试验、发展中国家的需求等一系列意义重大、内容复杂、范围广泛的人类环境诸问题，从环境道德、环境战略、环境法等不同角度，表明了与会者的"共同信念"。❶

《宣言》在序言中特别强调，发展中国家的环境问题主要是由于发展不足造成的，发展中国家的人民生活仍然远远低于体面的生活所需要的最低水平，他们无法取得充足的食物和衣服、住房和教育、保健和卫生设备。为此，不仅发展中国家自身应该作出努力脱离贫困，改善环境，发达国家亦应该采取措施，帮助发展中国家缩小与发达国家的差距。特别是面对种类越来越多的环境问题，由于其在范围上是全球性的，影响着共同的国际利益，序言特别要求各国政府对其管辖范围内的大规模环境政策和行动承担最大的责任，发达国家有责任加强国际合作，整合各种资源，帮助和支持发展中国家承担环境保护的责任。

《宣言》在正文中则对科学技术和技术转移问题做了进一步明确。首先，《宣言》特别强调科学技术在为经济社会发展作出贡献的同时，还必须用于环境风险的测评、规避和控制等方面，用于解决环境问题，以促进人类的整体福利。❷ 其次，《宣言》要求在环境保护问题上，考虑发展中国家的特别国情、特殊需要和环保成本以及其为了环境保护所需要的额外的国际技术援助和资金援助，并在此基础上提供各种资源以保护和维护环境。❸ 再次，《宣言》要求所有国家，特别是发展中国家，应该加强和提升环境保护问题的科学研究与应用。为此，应该确保最新环保科技信息的自由传播，支持和帮助环保技术与经验的转移转化。因此，发展中国家应该以优惠条件获取环保技术，该优惠条件应该有助于鼓励环保技术的传播，并且不得构成发展中国家的经济负担。❹ 另外，《宣言》还要求各国加强国

---

❶ 李扬勇. 国际组织宣言和决议的法律意义——对国际环境法"软法"的探讨［J］. 孝感学院学报，2006（3）.

❷ Principle 18 of Stockholm Declaration of United Nations Conference on the Human Environment.

❸ Principle 12 of Stockholm Declaration of United Nations Conference on the Human Environment.

❹ Principle 21 of Stockholm Declaration of United Nations Conference on the Human Environment.

际合作与协调，缔结有关环境保护方面的国际公约，以便明确各国对境外
污染受害者的国际责任和赔偿义务。❶

　　为纪念斯德哥尔摩人类环境大会 10 周年，国际社会又于 1982 年 5 月
10 日至 18 日在肯尼亚首都内罗毕召开了一次环境大会，并通过了《内罗
毕全球环境状况宣言》。该宣言回顾了斯德哥尔摩人类环境会议以来，国
际社会成员在保护环境工作方面取得的进展，但也指出《联合国人类环境
大会斯德哥尔摩宣言》未得到充分贯彻，分析其原因有二：一是公众对环
境保护的长远利益缺乏足够的预见和理解；二是资源缺乏，且分配不均。
《内罗毕全球环境状况宣言》强调贫穷与浪费都会对环境构成威胁，两者
都会导致人们过度地开发资源，要求各国进一步加强资源共享和技术合
作，发达国家在协助发展中国家处理严重的环境问题具有特别的责任。❷

第三节

《保护臭氧层维也纳公约》 与 《蒙特利尔议定书》

　　《联合国人类环境大会斯德哥尔摩宣言》 和《内罗毕全球环境状况宣
言》均属于宣言性质，虽然对国际社会具有道德约束力，但由于其不属于
国际条约，各国没有必须遵守和执行的法律义务，因此，在具体环境问题
的解决上，还必须缔结相应的国际条约，才能有效促进国际社会在环保问
题上的协调与合作。

　　20 世纪 80 年代，随着人类社会对臭氧层的重要性和臭氧层被破坏的

---

❶　Principle 22 of Stockholm Declaration of United Nations Conference on the Human Environment.

❷　李扬勇. 国际组织宣言和决议的法律意义——对国际环境法 "软法" 的探讨 [J]. 孝感
学院学报，2006 (3).

严重性的认识的加深，国际社会在《联合国人类环境大会斯德哥尔摩宣言》的指引下积极开展了拯救臭氧层的国际协调行动，并于 1985 年缔结《保护臭氧层维也纳公约》。该公约及其《与破坏臭氧层物质有关的蒙特利尔议定书》（以下简称《蒙特利尔议定书》）❶ 被认为是国际社会在面对全球环境威胁问题上进行国际合作的最成功典范。❷

《保护臭氧层维也纳公约》与《蒙特利尔议定书》均有专门条款规定环境技术的研究与转移问题。《保护臭氧层维也纳公约》规定，缔约方有义务以适当的方式直接开展或通过国际组织合作进行如下内容的科学研究工作：（1）影响臭氧层的物理或化学过程；（2）臭氧层变化对人类健康的影响以及其他生物环境影响，特别是太阳光紫外线变化所导致的生物影响；（3）臭氧层变化对气候的影响；（4）臭氧层变化及紫外线变化对有益于人类的自然或系统物质所造成的影响；（5）能够影响臭氧层的物质、实践、过程或活动及其累积影响；（6）替代物质与技术；（7）与臭氧层变化相关的社会经济问题。该公约还要求缔约方直接地或通过国际组织间接地进行国际合作，以确保上述研究成果和观测数据得以及时地收集、验证和传播。❸

《保护臭氧层维也纳公约》还对有关法律、科学和技术合作作了特别规定。该公约规定，缔约方有义务帮助和鼓励与该公约有关的科学、技术、社会经济、商业、法律等信息的交流。缔约方在考虑到发展中国家的特别需求的前提下，应该根据国内法和有关实践，确实采取措施，加强国际合作，以促进技术与知识的研发和转移。上述国际合作特别应该通过如下途径得以实施：（1）帮助其他国家获得替代技术；（2）提供替代技术与设备的信息，或向发展中国家提供特别制作的说明书或指南；（3）向发展中国家提供必要的研究与系统观测的装备或设施；（4）适当的科学与技术人员培训。❹

---

❶ Montreal Protocol on Substances that Deplete the Ozone Layer.

❷ Ozone Secretariat United Nations Environment Programme：Handbook for the Montreal Protocol on Substances that Deplete the Ozone Layer. p XI. Eighth edition（2009）.

❸ Art. 3 of The Vienna Convention for the Protection of the Ozone Layer.

❹ Art. 4 of The Vienna Convention for the Protection of the Ozone Layer.

《蒙特利尔议定书》则考虑到发展中国家对保护臭氧层技术的特别需要，在《保护臭氧层维也纳公约》的基础上专门规定了技术许可与技术转移条款。《蒙特利尔议定书》要求各缔约方在符合该议定书所设置的经济资助机制的前提下，切实采取有效的措施，确保有效且安全的替代产品及相关技术向发展中国家便捷转移，同时还应确保该转让条件的公正和最惠。❶《蒙特利尔议定书》所设置的经济资助机制主要是由发达国家捐助成立一个多边基金（Multilateral Fund），该多边基金的主要目的是为全球保护臭氧层的努力提供经济资助，资助的主要内容为：（1）发展中国家有关其自身需求的研究或其他技术合作项目；（2）为了实现发展中国家需求而开展的技术合作项目；（3）传播有益于发展中国家的相关信息、资料，或开展有益于发展中国家的研讨会、培训项目等；（4）向发展中国家提供多边、区域或双边合作的便利。❷

《保护臭氧层维也纳公约》与《蒙特利尔议定书》以国际条约的形式，确认发达国家对环境保护的国际义务，并规定了发达国家向发展中国家转移环境技术的国际责任，对其他环境问题特别是气候变化问题的解决具有重要参考意义。

第四节
联合国气候变化框架公约

自 20 世纪 80 年代开始，人们进一步认识到温室气体导致全球变暖的规律和问题。以全球变暖为主要标志的气候变化被认为是对人类最具威胁

---

❶ Art. 10A of Montreal Protocol on Substances that Deplete the Ozone Layer.

❷ Art. 10A of Montreal Protocol on Substances that Deplete the Ozone Layer.

的全球环境问题。全球气候变化会对地球生态系统、农业、水资源以及人类健康和生活环境等产生广泛、深远和复杂的影响。气候变化会导致极端气候事件增多（例如暴雨、洪涝、沙尘暴、森林火灾等），自然生态系统发生变化（如荒漠化加剧、生物多样性减少、湖泊水位下降、海平面上升、冰川消融等），给农业生产将带来产量波动、布局和结构变动、成本和投资增加等方面的影响，可能使河流流域天然年径流量整体上呈减少趋势，水资源的供需矛盾可能会加剧。❶

　　1988 年 11 月，由世界气象组织和联合国环境署共同发起的政府间气候变化专门委员会（IPCC）召开成立大会，IPCC 的主要任务是对与气候变化有关的各种问题展开定期的科学、技术和社会经济评估，提供科学和技术咨询意见。IPCC 的成立及其工作，为气候变化谈判提供了一定的科学基础。到目前为止，IPCC 先后出版了三次气候变化的评估报告，对气候变化的状况、气候变化带来的影响进行了全面的评估。1989 年 11 月，国际大气污染和气候变化部长级会议在荷兰诺德韦克举行。大会通过了《关于防止大气污染与气候变化的诺德韦克宣言》，提出人类正面临人为所致的全球气候变化的威胁，决定召开世界环境问题会议，讨论制定防止全球气候变暖公约的问题。此后，第 45 届联合国大会于 1990 年 12 月 21 日通过了第 45/212 号决议，决定设立气候变化框架公约政府间谈判委员会（INC）。政府间谈判委员会于 1991 年 2 月至 1992 年 5 月间共举行了 6 次会议。谈判各方在公约的关键条款上各持己见，互不相让；发达国家与发展中国家之间、西北欧（现欧盟）与美国之间立场迥异。但在环境与发展大会召开在即的大背景下，各方最终妥协，于 1992 年 5 月 9 日通过了《联合国气候变化框架公约》。该公约于 1994 年 3 月 21 日生效。我国于 1992 年 6 月签署了该公约并于 1993 年 1 月 5 日批准该公约。❷

　　考虑到发达国家过去、现在和未来相当长时期都是温室气体的主要排放者，对气候变化要承担主要责任，而绝大多数发展中国家生态脆弱，适应气候变化与抵御自然灾害的能力弱，气候变化负面影响给发展中国家带

---

❶❷　涂瑞和.《联合国气候变化框架公约》与《京都议定书》及其谈判进程［J］. 环境保护，2005（3）.

来的损失远大于发达国家，发达国家在过去百余年及未来相当长时期内对全球环境所造成的恶果将不得不由发展中国家承担，因此，《联合国气候变化框架公约》确立了一条极为重要的原则，即共同但有区别的责任原则。根据该公约所确立的共同但有区别的责任原则，工业化国家（即《联合国气候变化框架公约》附件一或附件二所列国家）和非工业化国家应共同承担减排义务，但工业化国家应承担强制性减排义务，而非工业化国家则在考虑到自身发展需求的前提下按照自愿的原则进行节能减排。具体而言，首先，所有缔约方的义务是提供所有温室气体各种排放源和吸收汇的国家清单；制定、执行、公布国家应对气候变化的计划，包括减缓气候变化以及适应气候变化的措施；促进减少或防止温室气体人为排放的技术的开发应用；增强温室气体的吸收；制定适应气候变化影响的计划；促进有关气候变化和应对气候变化的信息交流；促进与气候变化有关的教育、培训和提高公众意识等。其次，"附件一"所列缔约方（工业化国家）的义务是带头按照公约的目标，改变温室气体人为排放的趋势；制定国家政策和采取相应的措施，通过限制人为的温室气体排放以及保护和增强温室气体汇和库，减缓气候变化；到 2000 年，个别或共同地使二氧化碳等温室气体的人为排放恢复到 1990 年的水平，并定期就其采取的政策措施提供详细信息。再次，"附件二"所列发达国家应提供新的和额外的资金，支付发展中国家为提供国家信息通报所需的全部费用，帮助特别易受气候变化不利影响的发展中国家缔约方支付适应这些不利影响的费用，促进和资助向发展中国家转让无害环境的技术，支持发展中国家增强自身的技术开发能力。另外，该公约还特别强调，发展中国家能在多大程度上有效履行其在公约下的义务，将取决于发达国家对其在本公约下所承担的有关资金和技术转让的承诺的有效履行，并将充分考虑到经济和社会发展以及消除贫困是发展中国家的首要和压倒一切的优先任务。❶

　　根据"共同但有区别的责任"原则，在该公约中，有关促进国际社会研发、交流减缓和适应气候变化技术的条款主要有四：第一，要求缔约方

---

❶　涂瑞和.《联合国气候变化框架公约》与《京都议定书》及其谈判进程［J］. 环境保护，2005（3）.

加强合作，促进蒙特利尔公约未覆盖的控制、消减或防止人类温室气体排放技术的研发、利用和传播；第二，增强合作，全面、公开、快捷地交流与气候变化有关的科学、技术、社会经济学和法律等方面的信息；第三，发达国家应该以适当的方式采取实际措施，促进、便利和资助发展中缔约方获取环境友好技术与诀窍，以便使发展中缔约方能够履行公约条款所规定的义务；第四，缔约方应该充分考虑最不发达国家在资金和技术转让方面的特殊情况和特别需要。❶

第五节

京都议定书

《联合国气候变化框架公约》并没有为工业化国家规定具体的量化减排指标，由于减缓和限制温室气体排放直接涉及各国的经济发展，各方难以达成一致。1997 年 12 月 1 日至 11 日在日本京都举行了公约第 3 次缔约方大会，会议经过异常艰苦的谈判，终于制定了《〈联合国气候变化框架公约〉京都议定书》（以下简称《京都议定书》）。《京都议定书》为工业化国家规定了有法律约束力的第一承诺期（2008～2012 年）的量化减排指标，而没有为发展中国家规定减排义务。同时，为了便利发达国家履行国际义务，《京都议定书》还建立了排放交易、发达国家联合履行制度以及鼓励在发达国家和发展中国家之间建立联合削减工程的清洁发展机制。

《京都议定书》进一步明确要求，所有缔约方应该加强合作，探索研发、应用和传播环境友好技术的有效模式。特别是要采取适当的措施，促进、便利和资助环境友好技术以及有关气候变化的技术诀窍、实际经验向

---

❶ Art. 4 of United Nations Framework Convention on Climate Change.

发展中国家转移，或使发展中国家能够接触到上述技术。这其中尤其应包括：形成适当的政策或机制，促进公共机构所拥有的或处于公有领域的环境友好技术的有效转移；对处于私有领域的环境友好技术而言，创造良好的环境，促进该技术的转让与获取。❶ 由于世界最大温室气体排放国美国拒绝加入京都议定书，美国如何履行发达国家应尽义务一直存在疑问。

《京都议定书》所新设立的联合发展制度和清洁发展机制亦可以有效促进低碳技术的国际转移。联合发展制度是指《联合国气候变化框架公约》附件一中的工业化国家（"附件一"中的工业化国家既包括西方发达国家，亦包括转型国家）可以向同属于公约附件一的任何其他的缔约方转让其温室气体排放权，亦可以从同属于公约附件一的任何其他的缔约方获得温室气体排放权。而该温室气体排放权只有通过实施特定的项目才能获得，即只有旨在减少温室气体"源的排放"或增强温室气体的"汇的清除"的项目才能产生该可转让的排放权。❷ 由于联合发展制度允许一个工业化国家从另一个工业化国家购买温室气体排放权，使得排放权的出售方能够获得资金，并进而可以利用该资金研发新技术，或用该资金购买低碳技术，因此，联合发展制度能够在一定程度上促进低碳技术的研发和国际转移。

清洁发展机制是《京都议定书》专门针对发达国家与发展中国家进行国际合作共同应对气候变化挑战所创造的一个"双赢"合作机制。根据《联合国气候变化框架公约》和《京都议定书》，发达国家需承担强制性的定量减排义务，发展中国家不承担强制性减排义务，由于发达国家工业化水平高，且能源利用效率远大于发展中国家，因此，发达国家进行减排所造成的损失或付出的成本就会大大高于在发展中国家进行同样数量减排所造成的损失或付出的成本。所以，在这种情况之下，如果发达国家通过提供资金和技术的方式，帮助发展中国家减少温室气体排放，那么不仅发展中国家能从中受益，同时也有助于全球温室气体整体排放量的减少。考虑到这一效果，《京都议定书》通过建立清洁发展机制，使发达国家可以购

---

❶ Art. 10 of Kyoto Protocol to the United Nations Framework Convention on Climate Change.

❷ Art. 6 of Kyoto Protocol to the United Nations Framework Convention on Climate Change.

买发展中国家温室气体排放的减少数量并充抵其定量减排义务，以使发达国家间接完成其国际义务，而发展中国家则可以在出售其温室气体排放减少量的过程中，获得发达国家的资金和技术，促进本地经济的发展和环境质量的改善。所以，清洁发展机制是促进发达国家向发展中国家转移低碳技术的一个重要机制。当然，在具体实施清洁发展机制时，还需注意将该机制视为单纯的发达国家向发展中国家购买温室气体排放权的制度，而忽视低碳技术转移这一清洁发展机制重要目标的实现。❶

第六节

巴厘路线图

　　1997 年《京都议定书》通过之后，美国克林顿政府于 1998 年签署了《京都议定书》并承诺在 2008～2012 年减排 1990 年温室气体总量的 7%。但是，美国随后声称如果履行议定书的减排任务，将造成美国制造业生产成本上升，物价上涨，出口下降，出口贸易逆差增大，履行减排义务将给美国带来 4000 亿美元的经济损失，失去 4900 万个就业机会。因此，2001 年布什政府以发展中国家没有承担减排义务以及减排行动不利于美国发展为由，退出了《京都议定书》。❷ 美国的背信弃义虽然招致了世界人民的一致谴责，但由于美国是当今世界上温室气体排放量最大的国家，亦是全球唯一的超级大国，因此，美国不参加这个对全球福利具有深远影响的国际条约，必然会对全球应对气候变化的努力带来沉重打击。

　　2007 年，联合国气候变化框架公约缔约方第 13 次会议暨《京都议

---

❶ 贾晶晶. 基于 CDM 的低碳技术转让机制研究［D］. 浙江大学，硕士学位论文. 2010.

❷ 孙健. 控制气候变化的国际法律机制研究［D］. 东北林业大学，硕士学位论文. 2010.

定书》缔约方第 3 次会议在印度尼西亚巴厘岛举行，会议经过激烈的争论和讨价还价，制定了"巴厘路线图"。巴厘路线图对 2012 年之后减排目标和减排责任的确定规定了具体的谈判完成期限，要求在 2009 年年底前完成《京都议定书》第一承诺期到期后全球应对气候变化新安排的谈判并签署有关协议；同时还明确规定，所有发达国家都要履行可测量、可报告、可核实的温室气体减排责任，美国亦不例外；另外，除重点讨论减缓气候变化问题之外，还特别强调了另外三个在以前国际谈判中曾不同程度受到忽视的问题：适应气候变化问题、技术开发和转让问题以及资金问题，这三个问题是广大发展中国家在应对气候变化过程中极为关心的问题。

巴厘路线图进一步要求各缔约方加强减缓和适应气候变化的技术研发与技术转移，并强调在此过程中尤其应该考虑到以下几点：（1）为了使发展中国家获得支付得起的低碳技术，应采取有效机制和强化手段消除技术研发和技术转移的障碍，规定促进技术研发和技术转移的财政或其他激励措施；（2）探索加速低碳技术利用、传播和转移的途径；（3）在研发现代的、新颖的和具有创新性的技术方面加强合作，达到双赢；（4）在某些特殊的技术领域，提升技术合作机制和合作工具的有效性。同时，缔约方还应避免因其贸易或知识产权政策而限制技术的转让。❶

第七节

哥本哈根大会与坎昆大会

根据巴厘路线图设置的时间节点，《联合国气候变化框架公约》本应

---

❶　Bali Road Map of United Nations Framework Convention on Climate Change.

在 2009 年年底举行的哥本哈根气候变化大会上就各国 2012 年之后的减排目标和减排责任达成一致。但是由于发达国家与发展中国家之间、发达国家之间、发展中国家之间在历史责任、公平与效率、承担温室气体减排义务、发达国家对发展中国家的资金援助和技术转让等方面一直存在较大的分歧，加剧了国际谈判的难度，哥本哈根大会并未达成实质性的协议，仅仅以通过一份无法律约束力的《哥本哈根协议》而收场。❶

2009 年《哥本哈根协议》再一次确认了发达国家向发展中国家提供环保技术支持的义务。该协议进一步规定了发达国家提供财政、技术支持应该坚持三个原则，即充分、可预见和可持续。另外，根据该协议，国际社会还同意建立"哥本哈根绿色气候基金"，主要用于支持和资助发展中国家有关节能减排、气候适应与能力建设、技术开发与转让等方面项目、政策或行动。同时，该协议还决定建立一个由政府主导并基于各成员国具体国情的"技术机制"，以加速减排技术和适应技术的研发和转移。❷

2010 年年底在墨西哥坎昆举行的联合国气候变化大会根据巴厘路线图的指引，在《哥本哈根协议》的基础上继续寻求气候谈判的实质性突破。虽然坎昆大会未对发达国家在 2012 年之后的具体减排目标与减排责任仍未达成完全一致，但该次大会在资金与技术转移问题却有了比较重要的进展。

在资金问题上，坎昆大会首先重申了发达国家关于在 2010 ~ 2012 年期间通过国际机构提供 300 亿美元新的和额外的资金的国际承诺，另外，还确认了 2020 年之前发达国家每年为发展中国家提供的资金将达到 1000 亿美元的目标。同时，还决定设立一个绿色气候基金（Green Climate Fund），将其作为《联合国气候变化框架公约》资金机制的一个经营实体，由缔约方会议与绿色气候基金做出安排，确保基金对缔约方会议负责并在缔约方会议指导下运作，以支持发展中国家所开展的与减缓或适应气候变化有关

---

❶ 张莉. 发达国家与发展中国家在气候变化问题上的交锋——以哥本哈根气候大会为例 [J]. 江南社会学院学报，2010，12（4）.

❷ Copenhagen Accord of the United Nations Climate Change Conference 2009 in Copenhagen.

的项目、方案、政策和其他行动。坎昆大会还要求大部分新的多边适应基金要通过绿色气候基金提供。❶

在技术问题上，坎昆大会在重申发达国家开发低碳技术并向发展中国家转移低碳技术的国际义务之后，决定建立一个专门的技术机制（Technology Mechanism）以确保强化低碳技术开发与转移目标的实现。该技术机制主要由两部分组成：一是技术执行委员会（Technology Executive Committee），二是气候技术中心与网络（Climate Technology Centre and Network）。

技术执行委员会的主要职能是：（1）提供关于技术需要的概览和关于开发和转让缓解和适应技术的政策和技术问题分析；（2）考虑并建议有关行动，以促进技术开发和转让从而加速缓解和适应行动；（3）就与技术开发和转让有关的政策和方案优先事项建议指导意见，特别考虑到最不发达国家缔约方；（4）促进和便利政府、私营部门、非营利组织和学术界及研究界在缓解和适应技术的开发和转让方面的合作；（5）建议为解决技术开发和转让方面的障碍的行动，以扶持加强缓解和适应行动；（6）寻求与相关国际技术倡议、利害关系方和组织合作，并促进各种技术活动、包括《联合国气候变化框架公约》下和公约外的活动之间的连贯一致和合作；（7）在国际、区域和国家三个层次，通过相关利害关系方之间特别是政府与有关组织或机构之间的合作，推动拟订和利用技术路线图或行动计划，包括制订最佳做法指南，作为缓解和适应行动的促进工具。

成立气候技术中心与网络的目的在于推动形成一个由国家、区域、部门和国际层面的技术网络、技术组织和技术举措所构成的应对气候变化技术网络，以期吸引该网络参与者的有效参与以下活动：（1）根据发展中国家的请求，就确定技术需要以及利用低碳技术及其经验、过程提供咨询意见和支持；（2）根据发展中国家的请求，提供各种技术信息、培训和支助，以建立或加强发展中国家的技术能力，帮助其找出应对气候变化的技术备选办法、作出技术选择，以及运用、维护和改善技术；（3）应发展中

---

❶　The Cancun Agreements：Outcome of the work of the Ad Hoc Working Group on Long – term Cooperative Action under the Convention.

国家的请求，根据其现实需求，促进发展中国家迅速采取行动，有效利用现有技术；（4）通过与企业、公共机构、学术研究机构进行协作，激励和鼓励开发和转移现有的或新兴的低碳技术，并提供北南、南南或多边技术合作机会；（5）推动国家、区域和国际技术中心及相关国家机构的合作，促进公共和私人利害关系方结成国际伙伴关系，以便加速低碳技术创新并向发展中国家缔约方传播，鉴别、推广、帮助开发国家驱动政策的分析工具和最佳做法，以利低碳技术的传播。

第八节

德班大会

由于《京都议定书》第一承诺期于 2012 年到期，而各主要排放国家和地区对是否继续以及如何继续第二承诺期的问题分歧严重，2011 年年底在南非德班举行的气候变化大会异常艰难，同时，也是国际气候谈判的一个重要转折点。经过激烈的讨论，各方代表主要达成了以下四点共识：❶

第一，继续进行《京都议定书》第二承诺期。各方同意在《京都议定书》第二承诺期内继续保持现有国际法律体系。在该法律体系框架下，发达国家将继续削减温室气体排放，有助于推动未来努力的现有审计规则和国际合作模式亦将继续使用。

第二，开启新的国际气候谈判平台，决定设立加强行动德班平台特设工作组（Ad Hoc Working Group on the Durban Platform for Enhanced Action）。该谈判平台旨在 2015 年之前达成一个新的且全面的 2020 年之后时期的温

---

❶ Durban：Towards full implementation of the UN Climate Change Convention. http：//unfccc. int/ key_ steps/durban_ outcomes/items/6825. php.

室气体减排议定书和法律机制。该新谈判主要包括两个方面：一是寻找进一步提高现有国家和国际减排行动水平的路径；二是达成温室气体减排的新目标。

第三，在2012年完成现有的多领域谈判（broad-based stream of negotiations）。框架公约之下的多领域谈判工作应在2012年年内完成。该谈判包括现有的国内减排计划透明化措施；同时，还包括全球合作支持网络体系的启动和长期实施措施，以便通过资金支持和技术转移帮助发展中国家开发清洁能源和建设适应气候变化的社会和经济。

第四，全球评估计划。基于现有科学研究和数据，制定并实施一个新的有关气候挑战的全球评估计划。该评估计划将首先分析并确定全球提升2摄氏度的气候可接受性，或者全球气温提升是否必须控制在1.5摄氏度之内；其次该评估计划还应分析和确定防止全球平均气温升高到通认的警戒线所需要采取的必要行动。

由此可见，南非德班国际气候谈判大会实际上是一个继往开来的大会。这次大会为2013~2020年国际减排计划和2020年之后谈判工作做出了安排，确保了《京都议定书》第一承诺期向第二承诺期的平稳过渡。同时，还采取了一系列加强行动的必要措施，其中包括要求发达国家继续为发展中国家提供减排的资金和技术。

为了强化低碳技术的创新和转移，德班气候变化大会对技术执行委员会的当前急迫工作和职能进行了明确。根据德班大会的决定，技术执行委员会的具体职能主要有以下几个方面：一是分析和综合职能。具体包括：（1）编写定期的技术展望；核实、收集和综合来自各个来源的各种关于技术研究和发展以及技术相关活动的信息，包括但不仅限于国家信息通报、国家确定的技术需要和技术需要评估、国家适应行动方案、适合本国的缓解行动、国家适应计划、技术路线图和行动计划；以及审查对推动技术发展和转让的政策问题和机遇；（2）编写关于具体政策和技术问题的系列技术文件，包括技术需要评估中出现的问题；（3）就当前的技术发展、转让倡议、活动和方案开展定期审查，以明确重要成就和差距、良好做法和所获教益。二是政策建议职能。主要就下列事项提供政策建议：（1）向缔约方会议或《联合国气候变化框架公约》之下的其他相关机构建议推动技术发展和转让以及消除障碍的行动；（2）就与技术开发和转让有关的政策和方案优先事项提供指导意见，特别考虑最不发达国家缔约方；（3）编写一份现有合作活动清单，制订定期审查程序，以明确重要的成就和差距，良好做法和所得教益；（4）就推动合作的行动提供建议；（5）就制订技术路线图和行动计划的最佳做法和相关工具提出建议；（6）建立技术路线图和行动计划清单；（7）就具体行动提出建议，例如制订技术路线图和行动计划的国际进程，以及推动发展这些项目，特别是可能合适的能力建设方案所需的支持。技术执行委员会在制定政策建议时，应该吸收相关利害关系方参与。❶

同时，为了推动气候技术中心与网络的实际运作，本次气候大会专门对气候技术中心与网络的使命、职能、作用与责任、机构治理、组织结构、报告与审查等事项做出了明确而具体的规定。为了挑选适合的组织担任气候技术中心与网络的东道方，本次气候大会亦明确规定了评价和挑选气候技术中心与网络的东道方的标准、方法、申请文件所需包含的信息等事项。❷

第九节

多哈大会

2012 年年底，在多哈举行的气候变化大会在本质上是 2011 年德班大

---

❶ Decision 4/CP. 17, Technology Executive Committee – modalities and procedures. http：//unfccc. int/resource/docs/2011/cop17/eng/09a01. pdf.

❷ Annex VII Terms of reference of the Climate Technology Centre and Network of Decision 2/CP. 17, Outcome of the work of the Ad Hoc Working Group on Long – term Cooperative Action under the Convention. http：//unfccc. int/resource/docs/2011/cop17/eng/09a01. pdf.

会的延续。各方经过讨论，主要做出了如下工作：❶ 第一，进一步强调和重申要在 2015 年之前达成一个将于 2020 年生效的具有普遍约束力的气候变化协议，并为之设定了一个谈判时间表。同时，要求将巴厘路线图的行动与 2015 年协议进行并轨，统一归并到加强行动德班平台特设工作组工作平台之下。第二，进一步强调需要提供温室气体排放的消减目标，并应大力帮助环境脆弱的国家适应气候变化。第三，通过了《〈京都议定书〉多哈修正案》，开启了《京都议定书》第二承诺期，确保《京都议定书》的重要法律机制和核算模型保持不变，继续坚持发达国家率先强制减排的原则。第四，在建立资金、技术以及其他新机制确保发展中国家新能源投资和可持续发展方面取得了新进展。

关于技术转移机制建设方面，技术执行委员会在德班大会之后已经开始正常运转，并聘请德国经济与技术部负责气候变化事务的 Antonio Pflüger 先生担任技术执行委员会主席，聘请阿根廷布宜诺斯艾利斯国立中央大学的工程学教授 Gabriel Blanco 先生担任副主席。多哈大会上通过了《技术执行委员会的报告》，并要求技术执行委员会根据其职责进一步做好相关工作。

与此同时，缔约方会议根据筛选气候中心东道方的标准和程序，决定选择联合国环境规划署作为气候技术中心的东道方，并与之签订了《关于气候技术中心东道方的谅解备忘录》。多哈大会对于选择联合国环境规划署作为气候技术中心东道方和与之签订的《谅解备忘录》进行了确认。另外，为了确保气候技术中心与网络的有效运作，多哈大会还制定了《气候技术中心与网络咨询委员会的组成》制度，对咨询委员会的名额分配、任期、治理结构等事项做出了具体规定，确保了气候技术中心与网络的尽早运作。之后，气候技术中心与网络咨询委员会聘请美国国务院海洋、环境与科学局的 Griffin Thompson 先生担任主席，乌干达性别、劳动与社会发展部的 Fred Machulu Onduri 担任副主席。2013 年 11 月，气候技术中心与网络及其咨询委员会已经正式运作。

---

❶ The Doha Climate Gateway, http：//unfccc. int/kyoto _ protocol/doha _ amendment/items/7362. php.

第十节

华沙大会

2013 年 11 月,《联合国气候变化框架公约》第十九届缔约方大会和《京都议定书》第九届缔约方会议在波兰首都华沙举办。华沙大会的谈判焦点主要有三个:一是在德班平台之下如何在 2015 年气候大会达成新的气候变化条约问题;二是减排与适应资金问题;三是发达国家因气候变化对发展中国家的损害补偿问题。华沙大会本应于 2013 年 11 月 22 日结束,但由于谈判各方对上述三个问题的巨大分歧,而不得不延迟一天才结束会议。本次大会的结果虽然不能令各方满意,但却也可以为各方所接受。

关于损害补偿问题,华沙大会通过了《与气候变化有关的损失与补偿华沙国际机制》的决议。❶ 根据该决议,缔约方会议决定建立"与气候变化有关的损失与补偿华沙国际机制",专门讨论因气候变化而导致的损失问题,特别是有关易受环境影响的发展中国家的损失与补偿问题。

在资金问题上,华沙大会通过了《与长期资金有关的工作规划》❷,该规划再次确认了到 2020 年发达国家每年向发展中国家提供的有关减排活动的资金支持义务应达到 1000 亿美元。为了确保上述资金目标的实现,该规划要求各发达国家从 2014 ~ 2020 年每 2 年提交一次有关向发展中国家提供减排资金支持的相关信息,并就此问题每两年召开一次部长级会议。另外,华沙大会还通过了《绿色气候基金向缔约方会议的报告和绿色气候基

---

❶ Warsaw international mechanism for loss and damage associated with climate change impacts, Decision - /CP. 19, http://unfccc. int/2860. php.

❷ Work programme on long - term finance, Decision - /CP. 19, http://unfccc. int/2860. php.

金指南》❶，华沙大会在该文件中确认了绿色气候基金理事会建立独立秘书处并选聘突尼斯籍 Héla Cheikhrouhou 女士❷担任秘书处执行主任的决定，并对在韩国仁川建立绿色气候基金总部及独立秘书处表示欢迎。

关于新气候变化条约谈判问题，华沙大会通过了《进一步推动德班平台的决定》。❸ 为了确保在 2015 年达成新的气候变化条约，该决定规划了德班平台谈判工作路线图。缔约方大会要求德班平台特设工作组在 2014 年的第一次会议上明确并详细列出新条约谈判文本的各个要素，且该谈判文本应考虑到减缓、适应、资金、技术开发与转移、能力建设、透明度等问题。有意愿的各缔约方应在 2015 年第一季度之前向缔约方大会秘书处递交详细的本国准备在新气候条约中的贡献或承诺（Contributions）。德班平台特设工作组应在 2015 年气候大会之前对各国提交的有关国家贡献或承诺的信息进行分析、甄别和汇总，以供 2015 年气候大会谈判新气候条约时讨论。

第十一节
国家责任与私人责任

发达国家的一些学者在讨论发达国家向发展中国家转移低碳技术的问题时，经常以知识产权是私权，低碳技术的知识产权属于发达国家的私人

---

❶ Report of the Green Climate Fund to the Conference of the Parties and guidance to the Green Climate Fund, Decision –/CP. 19, http：//unfccc. int/2860. php.

❷ Héla Cheikhrouhou 女士曾任非洲发展银行能源、环境与气候变化部门主任，Green Climate Fund Board selects Hela Cheikhrouhou as Executive Director, http：//www. gstriatum. com/solarenergy/2013/06/green – climate – fund – board – selects – hela – cheikhrouhou – as – executive – director/.

❸ Further advancing the Durban Platform, Decision –/CP. 19, http：//unfccc. int/2860. php.

公司或自然人为由，认为发达国家没有权力和能力促进向发展中国家转移低碳技术。❶ 需要注意的是，虽然发达国家的私人公司或自然人没有国际法上的义务向发展中国家转移低碳技术，但是依照包括《联合国气候变化框架公约》在内的国际条约的规定，发达国家本身却负有向发展中国家转移低碳技术的国家责任。质言之，由于发达国家在过去几百年的长时间、大规模的温室气体排放导致目前气候变化的风险，而这种风险是发达国家集体造成的，并不能具体地归结于某一个具体的企业或自然人，所以发达国家承担的向发展中国家转移低碳技术的国家责任是一种国家责任、政府责任，需要由发达国家作为一个整体来承担这种责任。发达国家政府将这种责任转嫁到本国的私人公司或自然人，显然也是不适当的。这一点就如同日本侵华战争所产生的国际责任。日本侵华战争给中国人民带来了巨大的伤害，应该给予中国战争赔偿。但是日本对华的战争赔偿责任应由日本国家集体承担，日本政府当然不能将该国家责任转嫁给日本的私人企业或个人。

将发达国家向发展中国家转移低碳技术的国家责任混淆成发达国家私人企业或自然人的私人责任，显然会得出错误的结论。这一点是我们在国际气候谈判中应该驳斥的，也是在理论上应该加以澄清的。因为发达国家履行向发展中国家转移低碳技术的义务，并不意味着发达国家政府亲自将具体的低碳技术转移给发展中国家使用。发达国家政府通过制定政策或采取其他激励措施的方式，促进其低碳技术向发展中国家转移，亦是发达国家履行其国际法义务的一种重要形式，甚至是主要形式。因此，发达国家政府绝对不能以不掌握低碳技术及其知识产权为理由，而拒绝履行其转移低碳技术的国际义务。所以，问题的关键应该是发达国家应该采取哪些具体措施，以促进其低碳技术向发展中国家转移。

发达国家向发展中国家转移低碳技术是一种国家责任，而不是私人责任，这一论断是从国家法的角度进行分析而得出的结论。但是，需要注意

---

❶ 在中国科学院、中国工程学院与美国科学院、美国工程学院联合举办的"第二届中美科技战略政策研讨会暨中美双边合作知识产权管理问题研讨会"上，美方代表卡尔·霍顿博士在讨论绿色技术转移问题时，即强调绿色技术的知识产权属于私人公司所有，对绿色技术知识产权进行限制不利于保护私权。

的是，随着经济的发展、环境的变化和人类文明程度的提高，自觉保护环境、减少温室气体排放，已经不仅仅是政府的职责，同时，也应该成为每个地球人的道义责任。拥有低碳技术知识产权的发达国家私人公司或自然人虽然没有国际法上的义务向发展中国家转移低碳技术，但是却有道义上的义务向发展中国家转移低碳技术。尤其是掌握绝大部分低碳技术知识产权的发达国家跨国公司，更负有向发展中国家转移低碳技术的社会责任。

第四章

《与贸易有关的知识产权协议》
与低碳技术转移

历史上，知识产权的国际保护问题基本上是在世界知识产权组织以及其前身的框架内进行讨论与协调。20世纪八十年代随着全球经济向"知识经济"转变，以美国为首的发达国家在经济发展上更依赖于知识的创新及对其创新的保护，因此，美国等发达国家在有关经济的双边或多边谈判中越来越重视知识产权保护问题。由于高水平的知识产权保护不符合发展中国家的基本国情，会使发展中国家在获得先进技术方面面临更多的困难，因此，发达国家与发展中国家在是否应将知识产权纳入国际经贸谈判的问题上，争论异常激烈和尖锐。在1986年开始的关贸总协定乌拉圭回合谈判中，美国等国坚决主张将知识产权作为新议题纳入到关贸总协定谈判中，美国甚至提出：如果不将知识产权问题作为新议题纳入，美国代表将拒绝参加乌拉圭回合谈判。而发展中国家则针锋相对，巴西代表形象地指出，如果把知识产权放在关贸总协定中，就如同把病毒输入计算机一样，其结果只会进一步加剧国际贸易中已经存在的不平衡。❶ 但是，由于发达国家的强大压力和威逼利诱，发展中国家在乌拉圭回合谈判中在知识产权方面最终做出了妥协，并于1994年签订了《与贸易有关的知识产权协议》。

《与贸易有关的知识产权协议》是发达国家强加给发展中国家的一个高水平的知识产权保护国际协议，因此，无论是在该协议谈判过程之中，还是在该协议达成之后，发展中国家一直都在寻求在该协议中加入一些可以适当降低知识产权保护标准的条款或能够反映发展中国家特殊国情的规定。比如，在关于权利用尽的问题，该协议第6条并未采取"一刀切"的方式规定统一的权利用尽规则，而是规定各缔约方可以根据自己国情选择采用不同的权利用尽规则。目前，权利用尽的规则主要有：国内用尽规则、国际用尽规则、区域用尽规则和默示许可规则。国内用尽规则对知识产权的保护水平最高，而国际用尽规则对知识产权的保护水平则最低。因此，发达国家在某些方面的知识产权就倾向于采用国内用尽规则，而发展中国家则倾向于采用国际用尽规则。这样，由于该协议没有对权利用尽问

---

❶ 郑成思. 关贸总协定与世界贸易组织中的知识产权——关贸总协定乌拉圭回合最后文件《与贸易有关的知识产权协议》详解 [M]. 北京：北京出版社，1994：7.

题做出强制性规定，发展中国家就有了自己的选择余地。又如，关于强制
许可问题，《与贸易有关的知识产权协议》第 31 条规定，经强制许可所制
造的专利产品应主要为供应该缔约方境内市场之需要。这样，根据该协议
第 31 条，如果缔约方强制许可所生产的专利产品就只能在境内销售，如果
销售到国外，就属于违反协议的行为。但是，某些发展中国家由于自身科
技水平和生产能力的限制，即使在国内颁布了强制许可，仍然不能制造出
本国所急需的专利药品。而另外的一些发展中国家科技水平较强，制造能
力较高，可以通过颁布强制许可制造出该专利药品，但是由于该协议第 31
条的限制，只能在本国销售。这样，那些科技水平落后的发展中国家就不
能获得较低价格的急需药品，从而导致人道主义灾难。正是在这个背景之
下，在多哈回合谈判中，发展中国家经过与发达国家激烈交锋，才最终决
定对该协议第 31 条进行修改，允许在上述情况下适格的国家向适格的发展
中国家出口经强制许可而制造的药品。《与贸易有关的知识产权协议》中
类似于上述规定的有利于发展中国家的条款还有很多，这些体现灵活性、
维护发展中国家利益的条款被称为《与贸易有关的知识产权协议》的"灵
活性"条款。本章将重点研究《与贸易有关的知识产权协议》与低碳技术
转移之间的关系及相关灵活性机制安排，并分析该灵活性机制对低碳技术
转移的适用性和影响。

第一节

专利制度下的灵活性安排

《与贸易有关的知识产权协议》对发明规定了广泛的、高水平的专利
保护标准。根据《与贸易有关的知识产权协议》的知识产权协议的规定，
缔约方有义务对具有新颖性、创造性和实用性的技术领域中的任何发明给

予专利保护；专利权人对其专利所享有的权利包括：禁止他人未经许可而制造、使用、销售、许诺销售或进口其专利产品，禁止他人未经许可使用其专利方法、使用、许诺销售、销售或为上述目的进口依照该专利方法而直接获得的产品。《与贸易有关的知识产权协议》刺激了发明创造人的创新积极性，为技术成果的转移转化提供了法律制度保障。但是，考虑到专利权是一种排他性的权利，权利人可以利用其专利权垄断某项技术的使用，在某些情况下可能会导致对公共利益的严重损害，尤其是考虑到发展中国家的特殊国情，因此，《与贸易有关的知识产权协议》在对发明规定高水平的专利保护标准的基础之上，还做出了某些灵活性机制安排。主要有：保护客体的例外，专利权的例外或限制，强制许可等。发展中国家为了促进低碳技术转移，可以有效利用这些灵活性机制，增强本国应对气候变化工作的能力。

一、专利保护客体的例外

根据《与贸易有关的知识产权协议》第 27 条第 1 款的规定，专利权保护的客体是一切技术领域中具有新颖性、创造性和实用性的任何发明。无论是方法发明，还是产品发明，只要具备上述"三性"均可获得专利保护。这是原则性规定，第 27 条第 2 款和第 3 款分别规定了两种保护客体的例外。

1. 公共秩序或社会公德例外

《与贸易有关的知识产权协议》第 27 条第 2 款规定：缔约方可以拒绝对某些发明授予专利权，如果在其领土内阻止对这些发明的商业利用是维护公共秩序或道德，包括保护人类、动物或植物的生命或健康或避免对环境造成严重损害所必需的，只要此种拒绝授予并非仅因为此种利用为其法律所禁止。

《与贸易有关的知识产权协议》中"公共秩序"公共秩序一词来源于法文"*ordre public*"，由于该词难以比较准确地翻译成英文的对应词汇，所以在《与贸易有关的知识产权协议》中提到公共秩序时，即直接使用了

"*ordre public*"。❶ 危害公共秩序的行为通常是指危及将社会联系在一起的社会结构的行为，或者是指威胁公民社会组织结构的行为。❷ 道德则与社会价值观念有关。社会价值观念则随着不同的国家、不同的文化、不同的时期而发展变化。比如进入 21 世纪以来，特别是 2009 年哥本哈根气候变化大会召开以来，环保观念、低碳意识深入人心，已经逐渐成为我们社会道德组成的一部分。在这种情况下，如果某项发明的商业利用会对环境构成严重破坏，或者该项发明的商业利用严重背离我们的低碳社会理念，那么发展中国家就可以制定国内法禁止该项发明获得专利权。

发展中国家利用《与贸易有关的知识产权协议》第 27 条第 2 款的灵活性安排将某些严重破坏环境的技术排出在专利保护范围之外，其具有重要的实用价值。例如，根据国际条约规定，就严重破坏臭氧层的氢氯氟碳化合物（HCFCs）而言，发展中国家仅需在 2016 年 1 月 1 日冻结其生产，并在 2040 年 1 月 1 日全部销毁。某些类型的氢氯氟碳化合物，比如 HCFC - 141B、HCFC - 142B、HCFC - 22，在近年来的使用增长迅速，其主要原因是中国和印度制冷需求的迅速增加。这些类型的 HCFCs 也是极为强大的温室气体，其致暖效应超过二氧化碳数万倍。如果发展中国家以公共秩序或公共道德为由拒绝对与之相关的技术授予专利，就能有效地抑制氢氯氟碳化合物生产技术的研发与转移，并引导相应的资源转向替代技术研发或转移，从而既有利于发展中国家获得相应的低碳技术，也有利于全球环境保护。

根据《与贸易有关的知识产权协议》，发展中国家在利用该灵活性机制时，需要注意四点：第一，只有为了保护公共秩序或公共道德必须防止某项发明的商业利用时，才能适用该协议第 27 条第 2 款将该项发明排除在专利的保护之外。但是，由于专利局拒绝对某项发明给予专利保护并不必

---

❶ Art 27. 2 of Trips provides：Members may exclude from patentability inventions, the prevention within their territory of the commercial exploitation of which is necessary to protect *ordre public* or morality, including to protect human, animal or plant life or health or to avoid serious prejudice to the environment, provided that such exclusion is not made merely because the exploitation is prohibited by their law.

❷ UNCTAD - ICTSD：Resource Book on TRIPs and Development, p. 375, Cambridge University Press, 2005.

然导致对其排除商业化，而根据该协议第 27 条第 2 款又似乎要求职能部门应就防止该项发明商业化问题作出判断。质言之，根据该协议第 27 条第 2 款，不应允许缔约方在宣布某项发明不能申请专利的同时，又允许其进行制造或销售。第二，仅仅因为某项发明的利用为缔约方法律所禁止，而并非是基于保护公共秩序或公共道德所必需，那么缔约方拒绝对该项发明授予专利权，则属于违反《与贸易有关的知识产权协议》的行为。第三，《与贸易有关的知识产权协议》第 27 条第 2 款与《巴黎公约》第 4 条之四并不冲突。《巴黎公约》第 4 条之四规定：不得以专利产品的销售或依专利方法制造的产品销售受到缔约国法律的限制或禁止为理由，拒绝授予专利或使专利无效。缔约方限制或禁止专利产品销售的理由很多：比如公共安全、国家垄断、公共秩序或公共道德等。《与贸易有关的知识产权协议》第 27 条第 2 款则规定只有在禁止某项发明的商业利用为保护公共秩序或公共达到所必需的情况下，缔约方才能拒绝对该项发明授予专利权。因此，二者之间并不冲突。❶ 第四，发展中国家虽然可以利用该协议第 27 条第 2 款禁止对某些严重破坏环境的技术授予专利权，进而引导资源转向低碳技术的研发和转移，但是，发展中国家却不可利用该款拒绝对低碳技术授予专利权。这是因为缔约方不能一方面以公共秩序或公共道德的利用拒绝对某项发明授予专利权，而同时又允许甚至鼓励对该项发明进行商业化利用。❷

我国《专利法》第 5 条第 1 款规定：对违反法律、社会公德或者妨害公共利益的发明创造，不授予专利权。该款规定与《与贸易有关的知识产权协议》第 27 条第 2 款相类似。根据国家知识产权局《专利审查指南 2010》的解释，可以将根据《专利法》第 5 条第 1 款规定不授予专利权的发明创造分为三类：一是违反法律的发明创造；二是违反社会公德的发明创造；三是妨害公共利益的发明创造。当然，一个发明创造违反了法律，很有可能又同时违反社会公德或妨害公共利益。

---

❶ 孔祥俊，等. WTO 规则与中国知识产权法：原理 规则 案例 [M]. 北京：清华大学出版社，2006：171.

❷ UNCTAD - ICTSD：Resource Book on TRIPs and Development，p. 376，Cambridge University Press，2005.

《专利审查指南 2010》规定《专利法》第 5 条第 1 款所称的"法律"，是指由全国人民代表大会或者全国人民代表大会常务委员会依照立法程序制定和颁布的法律，但不包括行政法规和规章。《专利审查指南 2010》给出了一些与法律相违背不能被授予专利权的发明创造的示例。如，用于赌博的设备、机器或工具；吸毒的器具；伪造国家货币、票据、公文、证件、印章、文物的设备等都属于违反法律的发明创造，不能被授予专利权。值得注意的是，如果发明创造并没有违反法律，但是由于其被滥用而违反法律的，则不属此列。例如，用于医疗的各种毒药、麻醉品、镇静剂、兴奋剂和用于娱乐的棋牌等。另外，《专利法》第 5 条所称违反法律的发明创造，不包括仅其实施为法律所禁止的发明创造。如果仅仅是发明创造的产品的生产、销售或使用受到法律的限制或约束，则该产品本身及其制造方法并不属于违反法律的发明创造。例如，用于国防的各种武器的生产、销售及使用虽然受到法律的限制，但这些武器本身及其制造方法仍然属于可给予专利权保护的客体。

根据《专利审查指南 2010》的规定，社会公德是指公众普遍认为是正当的，并被接受的伦理道德观念和行为准则。社会公德的内涵基于一定的文化背景，随着时间的推移和社会的进步不断地发生变化，而且因地域不同而各异。我国专利法中所称的社会公德限于中国境内。发明创造与社会公德相违背的，不能被授予专利权。例如，带有暴力凶杀或者淫秽的图片或者照片的外观设计，非医疗目的的人造性器官或者其替代物，人与动物交配的方法，改变人生殖系遗传同一性的方法或改变了生殖系遗传同一性的人，克隆的人或克隆人的方法，人胚胎的工业或商业目的的应用，可能导致动物痛苦而对人或动物的医疗没有实质性益处的改变动物遗传同一性的方法等，上述发明创造违反社会公德，不能被授予专利权。

《专利审查指南 2010》规定，"妨害公共利益"是指发明创造的实施或使用会给公众或社会造成危害，或者会使国家和社会的正常秩序受到影响。例如，发明创造以致人伤残或损害财物为手段的，如一种使盗窃者双目失明的防盗装置及方法，不能被授予专利权；发明创造的实施或使用会严重污染环境、严重浪费能源或资源、破坏生态平衡、危害公众健康的，不能被授予专利权；专利申请的文字或者图案涉及国家重大政治事件或宗教信仰、伤害人民感情或民族感情或者宣传封建迷信的，不能被授予专利权。但是，如果发明创造因滥用而可能造成妨害公共利益的，或者发明创造在产生积极效果的同时存在某种缺点的，例如对人体有某种副作用的药品，则不能以"妨害公共利益"为理由拒绝授予专利权。

如果一件专利申请中含有违反法律、社会公德或者妨害公共利益的内容，而其他部分是合法的，则该专利申请称为部分违反《专利法》第 5 条第 1 款的申请。对于这样的专利申请，专利局在审查时，应当通知申请人进行修改，删除违反《专利法》第 5 条第 1 款的部分。如果申请人不同意删除违法的部分，就不能被授予专利权。

2. 诊断、治疗和外科手术方法例外

《与贸易有关的知识产权协议》第 27 条第 3 款 a 项规定：缔约方可以将诊治人类或动物的诊断方法、治疗方法及外科手术方法排除于可获得专利保护之外。之所以规定人类或动物的诊断方法、治疗方法及外科手术方法可以不被授予专利权，主要是基于两点考虑：一是人道主义或社会伦理的需要。医生在诊断和治疗时应该有选择和利用各种诊断、治疗方法的自由。二是诊断方法、治疗方法或外科手术方法直接作用于人或动物本身，没有工业效果，不符合大多数国家所规定的专利授权标准的工业实用性要件要求。当然，根据《与贸易有关的知识产权协议》第 27 条第 3 款 a 项的规定，将诊治人类或动物的诊断方法、治疗方法及外科手术方法排除于专利保护客体之外，是缔约方的权利，而不是缔约方的义务。质言之，缔约方有权对此问题做出选择。欧盟从人道主义出发，广大发展中国家从自身利益角度出发，将诊治人类或动物的诊断方法、治疗方法及外科手术方法排除于专利保护客体之外；但美国、澳大利亚、新西兰则规定诊疗方法在满足方法专利的条件下，可以被授予专利权。❶

另外，需要注意的是，用于实施疾病诊断、治疗方法或外科手术方法的仪器或装置，以及在疾病诊断、治疗方法或手术中使用的物质或材料属

---

❶ UNCTAD – ICTSD：Resource Book on TRIPs and Development，p. 384，Cambridge University Press，2005.

于可被授予专利权的客体。当然，上述观点仅是常规的观点，也有其他观点认为医药产品可以构成疾病的诊疗方法，因此，可以被排除到专利的保护客体之外。❶ 但是，该观点似乎可以被《与贸易有关的知识产权协议》第 70 条第 8 款否定。因为该协议第 70 条第 8 款规定在《世界贸易组织协议》生效日缔约方仍未对医药产品给予专利保护的，那么该缔约方就应给予医药产品类似于专利保护的"邮箱"保护，所以，也就暗示医药产品不应被排除于专利保护客体之外。

我国《专利法》采用了《与贸易有关的知识产权协议》第 27 条第 3 款 a 项所规定的灵活性机制。《专利法》第 25 条第 1 款第（3）项规定：疾病的诊断和治疗方法，不授予专利权。根据《专利审查指南 2010》规定：如果一项与疾病诊断有关的方法如果同时满足以下两个条件，则属于疾病的诊断方法，不能被授予专利权：一是以有生命的人体或动物体为对象；二是以获得疾病诊断结果或健康状况为直接目的。另外，如果一项发明从表述形式上看是以离体样品为对象的，但该发明是以获得同一主体疾病诊断结果或健康状况为直接目的，则该发明仍然不能被授予专利权。例如：血压测量法、诊脉法、足诊法、X 光诊断法、超声诊断法、胃肠造影诊断法、内窥镜诊断法、同位素示踪影像诊断法、红外光无损诊断法、患病风险度评估方法、疾病治疗效果预测方法、基因筛查诊断法，等等。

《专利审查指南 2010》规定，治疗方法是指为使有生命的人体或者动物体恢复或获得健康或减少痛苦，进行阻断、缓解或者消除病因或病灶的过程。治疗方法包括以治疗为目的或者具有治疗性质的各种方法。预防疾病或者免疫的方法视为治疗方法。对于既可能包含治疗目的，又可能包含非治疗目的的方法，应当明确说明该方法用于非治疗目的，否则不能被授予专利权。例如：药物治疗方法、心理疗法；以治疗为目的的针灸、麻醉、推拿、按摩、刮痧、气功、催眠、药浴、空气浴、阳光浴、森林浴和护理方法；等等。

同时，关于外科手术方法，如果是使用器械对有生命的人体或者动物

---

❶ UNCTAD – ICTSD：Resource Book on TRIPs and Development，p. 386，Cambridge University Press，2005.

体实施剖开、切除、缝合、纹刺等创伤性或者介入性治疗或处置，那么即属于治疗方法范畴，这种外科手术方法不能被授予专利权。但是，对于已经死亡的人体或者动物体实施的剖开、切除、缝合、纹刺等处置方法，只要该方法不违反法律或公共道德，则属于可被授予专利权的客体。

对有生命的人体或动物所实施的外科手术方法，依照其手术目的还可以分为治疗目的和非治疗目的的外科手术方法。以治疗为目的的外科手术方法，属于治疗方法，根据《专利法》第25条第1款第（3）项的规定不授予其专利权。对于非治疗目的的外科手术方法，由于是以有生命的人或者动物为实施对象，无法在产业上使用，因此不具备实用性，故亦不能获得专利授权。例如，为美容而实施的外科手术方法，或者采用外科手术从活牛身体上摘取牛黄的方法，以及为辅助诊断而采用的外科手术方法，例如实施冠状造影之前采用的外科手术方法等。

另外，物质的医药用途如果是用于诊断或治疗疾病，则因属于《专利法》第25条第1款第（3）项规定的情形，不能被授予专利权。但是如果它们用于制造药品，则可依法被授予专利权。

目前，气候变化与疾病的关系正在引起人们的重视。世界野生动植物保护协会的专家研究，气候变化极有可能导致以下12种疾病的大幅滋生：结核病、裂谷热、昏睡病、"赤潮"病、禽流感、巴贝西虫病、霍乱、埃博拉病毒、黄热病、肠道寄生虫、莱姆病和鼠疫。❶ 最近世界卫生组织的一位高级官员在接受"第三极"采访时说：有证据表明，气温持续升高会让喜马拉雅山区出现新的蚊媒传播疾病高发区。印度的NIMR研究所在喜马拉雅山区展开的研究发现，在印度北部北阿坎德邦奈尼塔尔地区的丘陵地带发现了疟疾病例。该地区的首例登革热报告出现于1996年，现在报告越来越频繁。尼泊尔和不丹亦于2004年出现首例登革热报告。❷ 另外，来自中国科学院的研究亦认为非典、安波拉等高致死率新病毒的产生和传

---

❶ 专家认为气候变化导致12种致命疾病流行 ［EB/OL］. 来源：http：//news. 163. com/08/1011/11/4NVJTGND000120GU. html.

❷ 印度关注气候变化与疾病传播的联系 ［EB/OL］. 来源：http：//www. weather. com. cn/climate/qhbhyw/05/1336203. shtml.

播，与全球气候变化具有某种关联。❶ 这说明气候变化极有可能是近年来全球高致死性传染疾病频发的重要因素。

发展中国家为了有效应对气候变化所带来的疾病的流行与变异，有必要充分利用《与贸易有关的知识产权协议》灵活性机制安排，继续坚持将诊治人类或动物的诊断方法、治疗方法及外科手术方法排除于可获得专利保护之外。另外，发展中国家还需与世界卫生组织合作加强气候变化与高致命性传染疾病的研究，一旦对二者之间的因果关系得出科学而确定的结论，那么发展中国家就有理由要求对《与贸易有关的知识产权协议》第27条第3款a项进行扩张解释，进一步要求将与气候变化所导致或促进的疾病相关的医疗技术排除在专利的保护范围之外。

3. 动植物品种例外

由于对动物或植物品种进行专利保护，不仅涉及道德问题，而且涉及环境保护，因此，《与贸易有关的知识产权协议》第27条第3款b项亦对动植物品种的保护问题上采取了灵活措施。根据该项规定，缔约方可以不对以下发明创造提供专利保护：动物或植物，生产动物或植物的主要是生物学方法。但是，该项同时规定，对微生物、生产动物或植物的非生物方法及微生物方法，缔约方有义务给予专利保护。另外，该项还规定，对植物新品种，缔约方有义务给予保护，但是该保护既可以是专利保护，也可以是某种形式的特殊保护，还可以是几种形式的组合保护，缔约方有选择的自由。❷

在动植物品种及相关技术的保护问题上，发达国家与发展中国家无论在谈判过程中还是在协议签订以后一直争论不休。以美国为首的发达国家对动植物品种的知识产权保护采取激进措施。1980年美国最高法院

---

❶ 新生疾病与气候变化有关吗［EB/OL］. 来源：http：//www. stdaily. com/oldweb/gb/dengxiaoping/2005 – 11/17/content_ 456210. htm.

❷ Art. 27. 3 (b) of Trips provides：Members may also exclude from patentability：(b) plants and animals other than micro – organisms，and essentially biological processes for the production of plants or animals other than non – biological and microbiological processes. However，Members shall provide for the protection of plant varieties either by patents or by an effective sui generis system or by any combination thereof. The provisions of this subparagraph shall be reviewed four years after the date of entry into force of the WTO Agreement.

在 Diamond v. Chakrabarty 案中首次认为可以对生物活体提供专利保护。❶
自此之后，一些发达国家将可专利客体扩展到细胞、细胞组成部分、基
因，甚至多细胞生物组织。欧洲专利局甚至认为如果一个动物是经过特
殊改变的，与已经存在的动物物种不同，亦可以授予专利权。正是基于
这一点理由，欧洲专利局才对用于测试癌症药物的转基因鼠（"哈佛
鼠"）授予专利权。而很多发展中国家则认为对动植物品种授予专利不
仅有违道德，而且还会导致对动植物的垄断，不利于人类自身与环境的
发展。

《与贸易有关的知识产权协议》第 27 条第 3 款 b 项规定，在该协议生
效 4 年后 Trips 理事会应对该规定进行"review"。但是，由于发达国家和
发展中国家对何"review"本身就有争议，所以到目前为止 Trips 理事会仍
未对该项进行实质意义的"review"。发达国家认为"review"应是对该项
实施情况的审查，亦即审查各国对与动植物有关的发明创造的保护是否达
到了该协议第 27 条第 3 款 b 项所规定的要求；而发展中国家则认为该
"review"应该包括对该项内容的修改。❷ 发展中国家之所以在"review"
的问题上与发达国家争执不下，其主要原因有二：第一，希望通过对该项
内容的修改，将生产动植物的非生物方法和微生物亦排除于专利保护范围
之外，以确保发展中国家的生态安全；第二，发展中国家包括遗传资源在
内的生物资源相对丰富，但对这些生物资源的利用能力却相对不足，而发
达国家的生物技术发展依赖于发展中国家的生物资源，但发达国家在利用
发展中国家的生物资源时却很少向发展中国家汇报，导致了事实上的不平
等，发展中国家希望通过对协议第 27 条第 3 款 b 项的修改，使发展中国家
有机会获得相应的回报。例如，非洲集团在提交给 Trips 理事会的一份有
关协议第 27 条第 3 款 b 项的修改建议中就明确提出：非洲集团对任何生命
形式可以被授予专利权的规定均持保留态度；建议将第 27 条第 3 款 b 项修
改为禁止对植物、动物、微生物、动植物的生物学生产方法、动植物的非

---

❶　447 U. S. 303（1980）.

❷　UNCTAD – ICTSD：Resource Book on TRIPs and Development，p. 395，Cambridge University
Press，2005.

生物学或微生物学生产方法授予专利权；在对植物新品种保护的问题上，亦应在权利人与族群整体之间达到明确的而非含混不清的利益平衡，同时还应保护农民权和传统知识，确保生物多样性的维持。❶

　　我国《专利法》从两个方面对《与贸易有关的知识产权协议》第 27 条第 3 款 b 项的内容进行了贯彻：第一，《专利法》第 25 条规定，对动物或植物品种不授予专利权，但是对动物或植物品种的生产方法可以依法授予专利权。对植物新品种，通过《植物新品种保护条例》给予保护。根据《专利审查指南 2010》的规定，这里的动物或植物品种的生产方法是指非生物学方法，不包括生产动物和植物主要是生物学的方法。第二，《专利法》第 5 条和第 25 条分别从两个方面对我国的遗传资源规定了保护措施。《专利法》第 5 条第 2 款规定，对违反法律、行政法规的规定获取或者利用遗传资源，并依赖该遗传资源完成的发明创造，不授予专利权。《专利法》第 26 条第 5 款规定，依赖遗传资源完成的发明创造，申请人应当在专利申请文件中说明该遗传资源的直接来源和原始来源；申请人无法说明原始来源的，应当陈述理由。

二、专利权的例外

1.《与贸易有关的知识产权协议》第 30 条的含义

　　专利权赋予权利人专有性权利，权利人通过行使专利权能够禁止任何人未经许可而使用其专利技术。如果这种专有性权利绝对化，那么就会阻止他人对智力成果的"正当"利用，使公众利益与权利人的利益严重失衡。正是考虑到这一点，各国专利法均对专利权规定了这样或那样的例外或限制，以确保公众的正当利益。《与贸易有关的知识产权协议》亦在考虑各国实践的基础之上，对专利权的例外问题作出了规定。《与贸易有关的知识产权协议》第 30 条规定：缔约方可以对其所授专利的专有权利规定有限的例外，但是，该例外在考虑到第三人的合法利益的基

---

❶　Joint Communication from the African Group，IP/C/W/404 of 26 June 2003.

础上，不得不合理地与专利的正常利用冲突，也不得不合理地损害专利权人的合法利益。

专利权的例外一经专利法规定，专利技术的使用者即可以自动依法适用该例外而使用专利技术。这一点与强制许可或自愿许可不同。在自愿许可的情形下，专利技术使用者需要获得专利权人的许可方可使用该专利技术；在强制许可情形下，专利技术使用者亦需获得专利局或司法机构的授权方能使用该专利技术；而在符合专利权例外的条件下，使用者不需获得任何人的同意，即可免费使用专利技术。专利权的例外对专利权人的影响很大，因此，各国在制定专利法规范此问题时均比较慎重。

《与贸易有关的知识产权协议》第30条所规定的专利权例外，具有很大弹性。这样就给各国专利法的制定留下了较大立法空间。因此，各国根据本国的政策和目标对专利权所规定的例外差异很大。例如，有的国家专利法考虑到非商业使用的便利性，将非商业使用专利技术（如私人使用、科学研究使用）的行为排除在专利权范围之外；有的国家考虑到在先发明人的合法权益，将在先使用列为专利权的例外；还有的国家为了避免专利授权阻碍未来科学研究，规定实验性质的使用不构成专利侵权。

各国规定专利权的例外，亦非不受任何限制。根据《与贸易有关的知识产权协议》第30条的规定，缔约方在规定专利权例外时，必须满足三个条件：一是专利权的例外必须是有限的；二是专利权的例外不得不合理地与专利权的正常利用相冲突；三是专利权的例外不得不合理地损害专利权人的合法权益。根据世界贸易组织对欧盟诉加拿大药品专利保护纠纷一案的裁决，该协议31条所规定的三个条件是缔约方在规定专利权例外时必须要分别达到的三个独立的要件。缔约方所规定的专利权例外不符合上述三个条件中的任何一个条件，都会构成对《与贸易有关的知识产权协议》的违反。另外，在解释上述三个要件时，应强调它们具有不同的含义。质言之，即使缔约方所规定的专利权例外条款符合上述三个要件中的一个，但并不必然符合其他两个要件。也就是说，缔约方所规定的专利权例外即使是有限的，但仍然可能不满足其他两个要件；缔约方所规定的专利权例外即使不与专利权的正常利用相冲突，但也有

可能会不合理地损害专利权人的合法权益。❶

　　因为《与贸易有关的知识产权协议》的缔约方可以根据第 30 条的规定根据本国的政策目标对专利权进行一定的限制，所以，该条款也是发展中国家在低碳技术转移问题可供利用的一个灵活性条款。当然，发展中国家为了促进低碳技术转移而利用第 30 条对专利权规定例外时应该特别注意该条所要求的 3 个条件。

　　第一，关于专利权例外的有限性。从普通语义上进行解释，"专利权例外"这个词汇本身就代表其应该被认为是有限的，亦即该例外应该受到一定的限制。比如，专利权的例外应该局限于某些特定的行为（如进口、出口、评估等）、特殊的使用目的、特殊的使用者或者保护的期限，等等。而在专利权例外的基础上，再加上一个"有限"的限制，说明协议要求缔约方在规定专利权例外时应该更加谨慎。另外，关于专利权例外是否可以针对某个特定的技术领域，《与贸易有关的知识产权协议》以及世界贸易组织争端解决机构的裁决并没有给出一个明确的解释或指引。❷ 在欧盟诉加拿大案件❸中，争端解决小组认为：关于专利权例外是否可以针对食品或药品等特定技术领域问题，缔约方首先应该确保该例外符合《与贸易有关的知识产权协议》第 27 条第 1 款的非歧视性标准。❹ 协议第 27 条仅是禁止缔约方在发明的地点、发明所属的技术领域、专利产品是进口的还是本地制造等方面做出歧视性规定，但是，如果缔约方为了解决一个仅存在于某个产品领域的问题而善意地规定专利权例外，协议第 27 条并不对之加以禁止。协议第 27 条之所以要求缔约方以非歧视的方式规定和适用专利权

❶　Canada – Patent Protection of Pharmaceutical Products, EC – Canada, WT/DS114/R, 17 March 2000, para. 7. 21.

❷　UNCTAD – ICTSD: Resource Book on TRIPs and Development, p. 433, Cambridge University Press, 2005.

❸　EC – Canada, WT/DS114/R, 17 March 2000, para. 7. 92.

❹　Art. 27. 1 of Trips provides: Subject to the provisions of paragraphs 2 and 3, patents shall be available for any inventions, whether products or processes, in all fields of technology, provided that they are new, involve an inventive step and are capable of industrial application. Subject to paragraph 4 of Article 65, paragraph 8 of Article 70 and paragraph 3 of this Article, patents shall be available and patent rights enjoyable without discrimination as to the place of invention, the field of technology and whether products are imported or locally produced.

例外，主要是为了防止缔约方政府迫于国内的压力而专门对那些通常属于外国人的发明创造规定专利权例外。因此，根据现有的世界贸易组织的案例和有关规则，发展中国家为了促进低碳技术转移和利用，在不违反非歧视性原则的基础之上，对低碳技术领域规定某些专利权的例外制度，至少是不违反协议第 30 条所要求的有限性标准的。

第二，关于专利权例外不得不合理地与专利权的正常利用相冲突的问题。分析专利权例外的第二个要件时，需要澄清两个问题：一是何为"不合理"；二是何为专利权的"正常利用"。

根据牛津简明词典的解释："不合理"是指一个行为超出了理性或公正的范围。❶ 目前，世界贸易组织还没有案例具体分析专利权例外的"不合理"标准，缔约方拥有比较大的自由度来解释何为"不合理"。发展中国家可以从法目的论的角度对"不合理"的标准进行阐释，从而得出有利于自己的结论。"Trips 协议与公共健康的多哈宣言"指出：在适用常规规则对国际法进行解释时，《与贸易有关的知识产权协议》的每一个条款都应在该协议所明确的宣示的目的与原则的指引下进行解读和理解。❷《与贸易有关的知识产权协议》的立法目的，一方面是通过保护知识产权激励创新，另一方面是促进知识传播和后续发明创造。发展中国家特别强调：对包括专利权在内的知识产权的保护，应与协议第 7 条所规定的目的相吻合。❸《与贸易有关的知识产权协议》第 7 条规定了该协议的目的，即知识产权的保护和执法应有助于促进技术革新和技术转让与传播，使技术知识的创造者和使用者互相受益并有助于社会和经济福利的增长及权利和义务的平衡。因此，发展中国家为了公共健康或者应对气候变化而促进相关技术的转移或传播的目的，对专利权规定一定的例外制度，就有可能不属于"不合理"的范畴。

世界贸易组织争端解决小组在欧盟对加拿大案件的裁决指出：专利权

---

❶　The Concise Oxford Dictionary，p. 1176.

❷　Declaration on the TRIPS Agreement and Public Health，WTO document WT／MIN／（01）／DEC／2 of 20 November 2001，para. 5（a）.

❸　UNCTAD－ICTSD：Resource Book on TRIPs and Development，p. 436，Cambridge University Press，2005.

赋予权利人的权利是一种消极性的权利，该权利可以排除他人未经许可而使用专利技术。协议第 30 条意义下的"利用"是指专利权人通过行使其专有性权利从其发明中获得经济利益的商业行为，既包括专利权自己实施该专利获取商业利益，也包括专利权通过在排他性的市场中销售其专利产品获得经济利益，还包括专利权人许可他人使用其专利技术，或者专利权人将其专利转让给他人。专利权人对其专利技术的"正常"利用，是指专利权人在其市场中能够排除他人获得显著经济利益的所有竞争形式。专利权的具体利用形式不是静态的，专利权的有效利用形式是随着技术的进步和市场竞争的变化而不断调整的。对专利权所有的正常的"利用"形式进行保护是各国专利法的一个基本内容。❶

根据专家小组的上述解释，可以看出：如果发展中国家希望利用协议第 30 条的规定，对专利权规定例外制度以促进低碳技术转移，那么就应不与该低碳专利技术的正常利用产生不合理的冲突，亦即该专利权例外不得不合理地损害专利权人所能从其自己实施、许可或转让专利中获得的经济利益。当然，专利权例外制度通常会损害专利权人所能从其自己实施、许可或转让专利中获得的经济利益，因此，缔约方所制定的专利权例外制度是否符合世界贸易组织规则，关键是要判断该专利权例外是否"合理"。

第三，关于专利权例外不得不合理地损害专利权人的合法权益的问题。虽然根据一般的理解，如果一个专利权例外不合理地与专利权的正常利用相冲突，那么该例外通常也会不合理地损害权利人的合法利益，但是，根据协议第 30 条的行文方式可以认为，缔约方规定的专利权例外即使不合理地与专利权的正常利用相冲突，但亦有可能未不合理地损害权利人的合法权益。关于何为专利权人的合法权益，世界贸易组织争端解决小组在欧盟对加拿大案件的裁决指出：协议第 30 条"合法权益"这一术语必须以法律界经常使用的意义进行界定，亦即是指为公共秩序或社会公德所支持的正当的利益。在法律界经常有"甲没有做某事的合法权益"或者"甲拥有做某事的合法权益"等陈述，协议第 30 条"合法权益"即应在上

---

❶ EC – Canada, WT/DS114/R, 17 March 2000, para. 7.51 – 7.55.

述陈述的意义上进行理解。❶ 由此可以看出，协议第 30 条所称的"合法权益"（legitimate interests）是一个比"法律利益"（legal interests）概念更宽泛的概念。因此，缔约方在利用协议第 30 条制定本国的专利权例外条款时，除了要防止不合理地损害权利人依据国际条约或国内法律所享有的法律利益之外，还要防止该例外条款不合理地损害权利人依据通常的法律观念所享有的其他合法权益；否则，缔约方所制定的专利权例外条款就有可能构成对世界贸易组织规则的违反。

2. 各国的专利权例外制度及对低碳技术转移的影响

世界各国依据自己的国情均在本国的专利法中对专利权规定了例外制度，其主要种类如下：

第一，科学研究与实验例外。科学研究是各国专利法所普遍规定的专利权例外。之所以将科学研究作为专利权的例外，主要是考虑到专利法的目的之一就是促进科学研究，专利权本身不能成为科学研究的障碍。另外，科学研究例外一般应局限于仅仅为了创造新知识的非商业目的。商业目的的科学研究在有的国家不属于专利权例外。❷ 与科学研究例外不同，实验例外通常不局限于非商业目的。❸ 例如：《欧共体专利公约》第 27 条 b 项规定：为了实验目的而进行的与专利发明主题有关的行为，不构成专利侵权。很多情况下，第三人实验性质地使用专利技术，是为了对专利技术进行验证或评估，或者是为了规避专利或改进专利，这些行为都可能具有商业性目的，并且不会不合理地与专利权的正常利用相冲突，也不会不合理地损害专利权人的合法权益，因此，即使是商业目的的实验性使用专利技术，也不会构成对世界贸易组织规则的违反。

---

❶ EC – Canada, WT/DS114/R, 17 March 2000, para. 7. 69.

❷ This exception has been admitted, for instance, in the USA, though in a limited manner, basically for scientific purposes (Wegner, 1994, p. 267).

❸ For instance, case law in Europe has accepted research done to find out more information about a product – provided that it is not made just to convince licensing authorities or customers about the virtues of an alternative product – and to obtain further information about the uses of a product and its possible side – effects and other consequences of its use. See W. Cornish, Experimental Use of Patented Inventions in European Community States, International Review of Industrial Property and Copyright Law 1998, vol. 29, No. 7, p. 736.

我国《专利法》第69条第（4）项规定：专为科学研究和实验而使用有关专利的，不视为专利侵权。该项规定主要从使用目的角度对科学研究例外和实验例外进行了限定，亦即要求该例外必须"专为"科学研究或实验目的。但是，何为"专为"，尚无相关司法解释或案例加以明确。科学研究或实验的直接目的固然都是为了知识创新，但科学研究或实验的最终目的却可能有很大不同：有的科学研究或实验的最终目的就是为了非商业性的知识创新目的；而有的科学研究或实验的最终目的则可能是以知识产权创新为跳板而追逐商业利益。商业性的科学研究或实验是否能够落入我国《专利法》第69条第（4）项所规定的例外范围，则是一个值得讨论的问题。笔者认为，由于我国是发展中国家，具有重大经济价值的技术，特别是对气候变化问题的解决具有重要影响的低碳技术，有相当一大部分仍然掌握在发达国家的企业或个人手中，那么为了促进这些技术的转移和利用，我国有必要对《专利法》第69条第（4）项所规定的科学研究和实验例外做比较宽泛的解释。质言之，只要专为科学研究或实验而使用专利技术，无论该科学研究或实验是非商业性的，还是商业性的，均不视为专利侵权。

第二，临时过境的交通工具使用例外。为了避免国际交通工具因为知识产权问题而阻碍国际的正常交往，各国专利法通常均对临时过境的交通工具规定专利权例外。《保护工业产权巴黎公约》亦对此问题作出明确规定。该公约第5条之三规定：在任何缔约国境内，下列情况不应认为是侵犯专利权人的权利：（1）其他缔约国的船舶暂时或偶然地进入本国领水时，在该船的船身、机器、滑车装置、传动装置及其他附件上使用构成专利主题的装置设备，但以专为该船的需要而使用这些装置设备为限；（2）其他缔约国的飞机或陆上车辆暂时或偶然地进入本国境内时，在该飞机或陆地上车辆的构造或操纵中，或者在该飞机或陆上车辆附件的构造或操纵中使用构成专利主题的装置设备。我国《专利法》第69条第（3）项亦规定：临时通过中国领陆、领水、领空的外国运输工具，依照其所属国同中国签订的协议或者共同参加的国际条约，或者依照互惠原则，为运输工具自身需要而在其装置和设备中使用有关专利的，不视为侵犯专利权。

临时过境交通工具使用例外制度，对节能减排和低碳技术转移亦具有重要意义。首先，来自其他国家的交通工具不必担心在过境国构成专利侵权，这样，该过境交通工具只要确保在原属国不构成侵权即可在该交通工具上放心使用各种先进的低碳技术，从而有利于节能减排；其次，如果某项与交通工具有关的低碳技术仅是在发达国家申请了专利，而没有在发展中国家申请专利，那么发展中国家自然可以在其交通工具上使用该低碳技术，并且根据临时过境交通工具使用例外制度，发展中国家的使用该低碳技术的交通工具亦可以定期或不定期地通行于发达国家，而该低碳技术的使用亦不构成对发达国家专利权的侵犯。

3. 先期准备例外（Bolar 例外）

先期准备例外（Early working exception），亦称 Bolar 例外，是各国规定的最重要的专利权例外之一。先期准备例外主要针对对象是保护期即将届满的专利。根据各国专利法的规定，专利保护期届满之后，专利技术即进入公有领域，任何人均可以立即不再经专利权人许可而制造或销售专利产品。然而，这仅是理论上的推演。在很多情况下，即使专利保护期届满，竞争者亦很难立即进入专利产品市场，其主要原因有三：第一，专利权人在 20 年或 10 年的专利保护期内建立了体系较为完整的销售渠道，专利保护期届满之后，该销售渠道仍然存在并继续发挥作用，竞争者在短期内难以与之进行有效竞争；第二，根据专利法的规定，在专利保护期之内，任何人未经专利权人的许可不得制造或使用专利产品，而制造专利产品通常需要较长的准备时间，厂房的建筑施工、生产设备的设计、安装以及小试、中试、量产等项工作，少则需要几个月，多则需要几年甚至十几年，因此，即使专利保护期届满，竞争者也不能立即生产出产品与专利权人进行竞争；第三，根据有关法律或法规的规定，某些产品在上市销售之前需要获得国家相关行政管理部门的行政许可，而获得许可亦需要一定的时间，所以对这些产品，即使专利保护期届满，竞争者亦需要等到获得行政许可之后才能将产品上市销售。

上述第一个原因所形成的市场环境属于市场自然竞争的结果，不能以制度变更的方式进行调整。而上述第二个原因，尤其是第三个原因，所导致的市场竞争环境，则是专利保护制度造成的，因此，以制度变更方式进行调整，至少在理论上是可行的。这一制度变更首先起源于美国的药品专利领域。由于美国联邦食品药品管理局（FDA）对药品上市实行极为严格的行政审批，制药企业完成联邦食品药品管理局所要求的实验和行政审批手续至少需要 2 年时间，导致生产仿制药品的企业在专利权到期后至少还需等待 2 年的时间才能将仿制药品上市销售，不仅不利于仿制药品生产商，同时也会损害消费者的利益。因此，有的药品生产商在药品专利到期前几年即开始试生产专利药品并进行临床试验以便获取相关信息报联邦食品药品管理局进行行政审批。

在 Roche v. Bolar 一案中，被告 Bolar 公司即是一家仿制药品制造商，原告 Roche 公司拥有一种有关中枢神经系统药物的专利，Bolar 公司计划在 Roche 公司的专利到期后仿制该药品。1983 年在 Roche 公司的专利保护期届满之前，Bolar 公司为了获取联邦食品药品管理局的药品上市许可，即使用该药品专利技术进行仿制试验，以收集联邦食品药品管理局上市批准所要求的数据，以便在该药品专利保护期届满之前就获得上市许可，这样就能保障 Bolar 公司在药品专利保护期届满之时即可以在市场上销售该专利药品。美国纽约东区联邦地方法院在审理该案后认为，Bolar 公司为满足联邦食品药品管理局要求的试验而对 Roche 公司药品专利的使用属于实验使用，构成"侵权例外"，不构成专利侵权。原告上诉后，美国联邦巡回上诉法院认为，Bolar 公司的药品试验行为，是基于明确、可认知、实质的商业目的，即为了专利到期后仿制药的上市销售，而并非为了消遣娱乐，或满足好奇心，也不是单纯地追求理论知识，因此，该行为不属于试验例外的情形。所以，联邦巡回上诉法院裁定，Bolar 公司对 Roche 公司药品专利的使用，侵犯了 Roche 公司的专利权。联邦巡回上诉法院的判决发布后，在美国医药产业界引起轩然大波，并引起了社会各界的广泛质疑。仿制药品的价格一般只是专利药品价格的 10%～50%，远远低于专利药品的价格，而仿制药品和专利药品的治疗效果却没有什么差别，因此，仿制药品尽快进入市场，通过竞争降低药品价格符合公共利益。另外，政府和保险公司不堪忍受巨额的医疗负担，亦希望药品价格降低。因此，在 Roche v. Bolar 案审结后，美国立即于 1984 年通过了《药品价格竞争和专利期补偿法》，其中一项重要内容就是把仿制药品生产商为获得报批联邦食品药品管理局所需的数据而进行的测试行为规定为一种新的专利权例外。❶《美国专利法》第 271 条 e 款规定：在美国制造、使用、许诺销售、销售或者向美国进口被授予专利的发明的行为，如果单纯是为了依照有关法律的规定获得并提供为制造、使用或者销售药品或者兽医用生物产品所要求的有关信息，则不构成侵犯专利权的行为。❷

美国制定 Bolar 例外之后，其他国家亦纷纷跟进，制定类似的专利权例外规则。例如，《加拿大专利法》第 55 条第 2 款规定：任何人生产、建造、使用或销售专利产品，如果该行为仅仅是为了获取和提供加拿大、各省或外国有关生产、建造、使用或销售该产品的法律法规所要求的信息，那么该行为不构成专利侵权；根据上述规定而生产、建造、使用或销售专利产品的人，为了在专利权保护期限届满之后销售该产品之目的，在专利权保护期限届满之前的 6 个月期限之内，生产并储存该产品，亦不构成专利侵权。《加拿大专利法》第 55 条第 2 款从两个方面对美国的 Bolar 例外进行扩展：第一，美国 Bolar 例外仅仅是针对药品专利，而加拿大先期准备例外则没有明确具体的技术领域，因此，对任何需要政府审批才能上市的产品，第三人均可以根据《加拿大专利法》第 55 条第 2 款的规定生产、建造、使用或销售该专利产品，只要其目的局限于获取和提供政府审批所要求的相关信息；第二，美国 Bolar 例外仅是为了获取和提供政府审批所要求的信息，而加拿大专利法所规定的例外除了上述目的之外，还可以是为了在专利保护期届满之后尽快销售产品而事先生产和储存专利产品。由此可见，《加拿大专利法》第 55 条第 2 款所规定的例外范围更加广泛，对专利权人利益的危险也就更加明显。因此，在《与贸易有关的知识产权协议》生效之后，欧盟即专门就此条款与加拿大进行了磋商，并最终将该争议提交给世界贸易组织争端解决机构裁决。

世界贸易组织争端解决机构专家小组一方面认为《加拿大专利法》第 55 条第 2 款所规定的审批例外符合《与贸易有关的知识产权协议》第 30

---

❶ 张新锋. 专利权的 Bolar 例外——从一例专利侵权案探析［J］. 中国发明与专利，2009（4）.

❷ 35 U. S. C. 271.

条的规定，另一方面认为《加拿大专利法》第 55 条第 2 款所规定的储存例外构成对《与贸易有关的知识产权协议》的违反。

关于审批例外，专家小组认为：因为该例外对专利权的限制局限于很狭窄的范围，因此该例外可以被认为是有限的。只要该例外被局限于行政审批程序所必需的限度之内，那么未经专利权人许可而使用专利技术的行为的范围就会很小并被极为严谨地限制住。由于第三人使用专利技术或制造的专利产品仅仅是为了行政审批程序，最终产品不会流向商业渠道，因此，即使行政审批程序需要相当数量的产品样品以验证产品或制造能力的稳定性，专利权人的利益亦不会因为上述产品的生产或使用而受到损害。❶

欧盟在起诉时还提出：美国、瑞士及欧盟自己虽然也规定了审批例外，但是该审批例外是与专利权保护期限延长相联系的。美国、瑞士及欧盟等国家或地区考虑到新药上市的审批时间非常漫长，❷药品专利被授权后，专利权人依然需要等待几年之后才能将药品上市销售，这样，就实际减少了药品专利权的保护期限，因此，这些国家或地区即专门对药品专利规定了保护期限延长制度。在这些国家或地区，审批例外则是附属于专利保护期延长制度的一个对应措施。而加拿大在其专利法中只规定了审批例外，却没有规定专利保护期限延长制度，因此，欧盟认为加拿大的做法不合理地损害了专利权人的合法权益。针对这一点，专家小组认为：由行政审批的耗时而导致的专利权人对其专利产品市场独占时间的减少，其相关利益既不迫切，也没有被国际社会广泛承认，因此，该利益不能被认为属于《与贸易有关的知识产权协议》第 30 条所规定的"合法权益"。另外，《与贸易有关的知识产权协议》的谈判过程也表明，缔约方对特定产品的专利保护期限延长问题分歧严重，该问题甚至没有被正式纳入到协议的谈判议程。在国际上对此问题达成政治共识之前，专家小组没有权力将审批例外与专利保护期延长制度联系在一起考虑。因此，专家小组否定了欧盟的理由，并裁决审批例外符合协议第 30 条的规定。

---

❶　EC – Canada，WT/DS114/R，17 March 2000，para. 7. 45.

❷　由于新药上市需要非常严格的临床试验，因此，新药上市的审批时间比仿制药品上市的审批时间要长很多。通常仿制药品上市审批时间约两年左右；而发达国家新药上市的审批时间则为 10 年左右。

　　关于储存例外，加拿大辩称：只要该例外能够保障专利权人在专利保护期内享有向最终用户销售专利产品的专有权利，那么该例外所导致的对专利权的限制就应是有限的。专家小组否决了该抗辩，指出：储存例外是否是有限的，取决于该例外对专利权人所享有的排除他人制造或使用专利产品的独占权利的消减程度。专利权人排除他人制造、使用专利产品独占权利的实现，是通过在专利保护期内切断其他竞争产品的来源并禁止该竞争产品的使用而获得保障的。加拿大专利法所规定的储存例外，没有限制专利产品的生产数量，也没有该专利产品的其他的、后续去向做出规定，这样，该储存例外就会在专利到期前的 6 个月内从实质上取消专利权人所享有的上述保障。另外，关于专利权人在专利到期后所实质享有的短期市场优势是否符合专利权目的的问题，专家小组认为，从理论上和实践上两个方面考察，专利权人所享有的短期市场优势均符合专利权的目的。从理论上讲，专利权可以被视为一种能够阻止他人商业竞争的权利，储存例外的本质是为了商业销售而制造专利产品，而为了商业销售而制造专利产品是一种准商业竞争行为，其性质并不会仅仅由于其经济回报稍有延迟而有所改变。从实践上讲，专利权人在专利有效期内排除他人制造或使用专利产品的独占权利的行使，必然会使专利权人在专利保护期届满后的一段短时间内对其产品拥有一定的事实上的市场独占地位。各国的立法者在知晓该后果的基础上仍然制定专利法，赋予专利权人制造和使用专利产品的独占性权利，这一事实应被理解为国际社会对专利人在专利到期后所拥有的短期市场优势的认可。因此，专家小组认为储存例外不符合《与贸易有关的知识产权协议》第 30 条的规定。❶

　　值得注意的是，欧盟诉加拿大专利权例外案件经由专家小组裁决后，双方均未上诉，因此，世界贸易组织争端解决机构对该问题的最终态度如何，仍然不得而知。另外，对于专家小组裁决储存例外违反世界贸易组织规则，亦有许多发展中国家表示不予认可。❷ 因此，储存例外问题仍然是一个"开放"的问题，尤其是在当前气候变化的背景之下，发展中国家为

---

❶　EC – Canada，WT/DS114/R，17 March 2000，para. 7. 35.

❷　See para. 33 of developing country proposal IP/C/W/296.

了促进低碳技术转移和低碳产品的利用，是否可以专门为低碳技术专利规定一个储存例外，则是一个值得深入探讨的问题。

我国《专利法》在 2008 年修改之前并无与 Bolar 例外相类似的条款。我国法院在此阶段审理的一个类似案件是以该类使用不属于生产经营目的的使用而裁判被告不构成专利侵权的。在三共株式会社、上海三共制药有限公司诉北京万生药业有限责任公司专利侵权一案中，原告三共株式会社于 1992 年 2 月 21 日向国家知识产权局提出"用于治疗或预防高血压症的药物组合物的制备方法"发明专利申请，并于 2003 年 9 月 24 日被授予专利权。原告上海三共制药公司是该专利普通实施许可合同的被许可人。被告万生公司向国家食品和药品监督管理局申请"奥美沙坦酯片"的新药注册。根据《药品注册管理办法》的规定，申请新药注册分为临床前研究、临床试验、申请新药生产几个阶段。被告的申请行为已经到了申请新药生产阶段（即申请新药上市阶段）。在临床试验阶段，申请人应当向临床试验单位提供临床试验药物，该药物应是申请人自己制备的；在申请新药生产阶段，国家药监局应对生产情况及条件进行现场核查，抽取连续三个生产批号的产品。因此，可以证明被告为申请新药注册已经生产了"奥美沙坦酯片"。而将奥美沙坦与药用辅料混合制成片剂的行为落入涉案专利的保护范围，因此被告生产涉案药品的行为侵犯了涉案方法发明专利权。且其为申请新药生产许可所生产的三批产品，在取得药品生产批准文号后可以上市销售，因此被告生产了可供销售的涉案药品。两原告认为被告在申请新药注册和生产许可的过程中生产了大量"奥美沙坦酯片"产品，侵犯了涉案专利权，故诉至法院，请求判令被告停止使用涉案专利方法制造"奥美沙坦酯片"并赔偿原告经济损失。

被告万生公司的抗辩理由主要有二：第一，药品在上市销售前需要进行一系列的实验研究并通过国家相关部门审批，由于万生公司尚未取得涉案药品的新药证书和生产批件，因此其生产的涉案药品"奥美沙坦酯片"不可能上市销售，不可能进行任何商业性质的生产经营行为。该公司生产涉案药品"奥美沙坦酯片"的目的，是专门为了获得和提供该药品申请行政审批所需要的信息，并将该信息报送给国家药监局，以获得该药品的新药证书和生产批件。因此，万生公司的涉案行为不属于侵犯专利权的行为。第二，由于药品在上市前进行临床试验及获得注册审批需要几年的时间，所以制药企业为在专利期限届满后将药品推向市场，往往在期限届满前开始临床试验和申报注册工作。对于该行为是否构成侵犯专利权问题，美国和日本的相关法律规定都表明专门为获得和提供药品的行政审批所需要的信息而制造、使用专利药品的行为，不构成专利侵权。我国对此问题虽然尚无明确规定，但亦应考虑到国际惯例，认定该类行为不属于专利侵权。

虽然三共株式会社、上海三共制药有限公司诉北京万生药业有限责任公司专利侵权一案发生于2006年，我国《专利法》尚未规定审批例外制度，但是，法院在审理该案之后仍然做出有利于被告的判决。法院在判决中认为：两原告指控被告万生公司侵权的涉案药品"奥美沙坦酯片"尚处于药品注册审批阶段，虽然被告万生公司为实现进行临床试验和申请生产许可的目的使用涉案专利方法制造了涉案药品，但其制造行为是为了满足国家相关部门对于药品注册行政审批的需要，以检验其生产的涉案药品的安全性和有效性。鉴于被告万生公司的制造涉案药品的行为并非直接以销售为目的，不属于我国《专利法》所规定的"为生产经营目的"实施专利的行为，故认定被告万生公司的涉案行为不构成对涉案专利权的侵犯。❶两原告主张按照药品注册相关办法的规定，被告万生公司为申请新药生产许可而生产的三批样品在取得药品生产批准文号后可以上市销售，进而主张涉案样品应仍在有效期内可以上市销售，认为被告万生公司侵犯了涉案专利权，依据不足，不予支持。❷

2008年，我国对《专利法》进行了第三次修改，将2000年《专利法》第63条第1款修改为第69条，并专门增加了一项作为第（5）项，即"为提供行政审批所需要的信息，制造、使用、进口专利药品或者专利医疗器械的，以及专门为其制造、进口专利药品或者专利医疗器械的"，

---

❶　我国2000年《专利法》第11条：发明和实用新型专利权被授予后，除本法另有规定的以外，任何单位或者个人未经专利权人许可，都不得实施其专利，即不得为生产经营目的制造、使用、许诺销售、销售、进口其专利产品，或者使用其专利方法以及使用、许诺销售、销售、进口依照该专利方法直接获得的产品。

❷　见北京市第二中级人民法院（2006）二中民初字第04134号《民事判决书》。

不视为侵权。我国该项规定几乎完全照抄了美国版的 Bolar 例外，即该例外仅仅局限于获得行政审批程序所需信息之目的，并且例外的技术领域也仅局限于药品或医疗器械。目前，我国创新能力还有待于进一步提升，很多关键技术尤其是低碳领域的关键技术的专利权还掌握在发达国家手里。特别是为了减缓和适应气候变化，我国企业在商业性制造、使用或进口低碳技术产品之前，在很多情况下需要向有关机关提供相关信息，以便进行环境评价或进行其他项目的行政审批，在此种情况下就有可能需要制造、使用、进口专利产品或者使用专利方法。为了使我国企业可以更加有效、更加便利、更加准确地提供行政审批所需要的这些信息，并且在不违反世界贸易组织争端解决机构专家小组裁决所确定的原则之下，我国至少还可以借鉴加拿大的立法经验，将审批例外由医药领域扩展至其他所有领域，即不论为了提供行政审批所需要的医药信息，还是为了提供行政审批所需要的其他技术信息（尤其是低碳技术信息或环境保护信息），制造、使用、进口相关专利产品或使用相关专利方法，均不应视为专利侵权。另外，由于世界贸易组织争端解决机构专家小组对储存例外的否决是基于药品专利问题，而并未涉及比公共健康问题影响更广泛、更重大的气候变化问题，同时考虑该决定仅是专家小组的决定，而并非世界贸易组织争端解决机构的最终裁决，那么在气候变化背景之下，世界贸易组织是否应该允许低碳技术领域的存储例外，则是一个悬而未决的问题，至少是发展中国家在世界贸易组织谈判或气候变化谈判中可以据理力争的一个重要问题。

三、强制许可

强制许可是指由政府依法颁发允许非专利权人可以不经专利权人同意而使用其专利技术的制度。强制许可制度是各国专利法中的一项重要制度，它对防止专利权人滥用其专利权，促进技术创新与应由具有重要作用。由于强制许可是对专利权的重大限制，因此各国专利法和国际知识产权条约均对强制许可的条件做出了严格的限制。《保护工业产权巴黎公约》第 5 条在明确各国有权基于专利权遭到滥用的前提下颁发强制许可之后，马上就从三个方面对颁发强制许可的条件进行了限制：第一，自提出专利申请之日起四年届满以前，或自授予专利之日起三年届满以前，以后满期的期间为准，不得以不实施或不充分实施为理由申请强制许可；第二，如果专利权人的不作为有正当理由，应拒绝强制许可；第三，强制许可应该是非独占性的，而且除与利用该许可的部分企业或商誉一起转让外，不得转让，也不得以分许可证的形式许可他人使用。

《与贸易有关的知识产权协议》第 31 条亦对强制许可问题做出了规定。根据 Trips 协议第 31 条的规定，如果缔约方未经专利权人同意而自己使用该专利技术或允许他人使用该专利技术，那么就应遵守以下条件：第一，该强制许可的授权应该一事一议，缔约方不得针对某一类专利或某一类企业颁发总括的强制许可；第二，只有在拟使用者在此种使用之前已经按合理商业条款和条件努力从专利权人处获得授权，但此类努力在合理时间内未获得成功，方可允许此类使用。在全国处于紧急状态或在其他极端紧急的情况下，或在公共非商业性使用的情况下，一成员可豁免此要求。尽管如此，在全国处于紧急状态或在其他极端紧急的情况下，应尽快通知权利持有人。在公共非商业性使用的情况下，如政府或合同方未作专利检索即知道或有显而易见的理由知道一有效专利正在或将要被政府使用或为政府而使用，则应迅速告知权利持有人；第三，此类使用的范围和期限应仅限于被授权的目的，如果是半导体技术，则仅能用于公共非商业性使用，或用于补救经司法或行政程序确定为限制竞争行为；第四，此种使用应是非专有的；第五，此种使用应是不可转让的，除非与享有此种使用的那部分企业或商誉一同转让；第六，在充分保护被授权人合法权益的前提下，如导致此类使用的情况已不复存在且不可能再次出现，则有关此类使用的授权应终止。在收到有根据的请求的情况下，主管机关有权审议这些情况是否继续存在；第七，在每一种情况下的使用，均应向权利持有人支付适当报酬，同时考虑授权的经济价值；第八，与此种使用有关的任何决定的法律效力均应可以被司法审查或被上一级主管机关独立审查；第九，任何与就此种使用提供的报酬有关的决定均应可以被司法审查或被上一级主管机关独立审查；第十，如允许强制许可是为了补救经司法或行政程序确定的限制竞争的行为，则各成员无义务要求申请人事先与专利权人协商或要求申请人所生产的专利产品主要供应国内市场。在确定此类情况下的报酬数额时，可考虑纠正限制竞争行为的需要。如导致授权的条件可能再次出现，则主管机关有权拒绝终止授权；第十一，如授权此项使用以允许利用一专利（"第二专利"），而该专利在不侵害另一专利（"第一专利"）的情况下不能被利用，则应适用下列附加条件：与第一专利中要求的发明相比，第二专利中要求的发明应包含重要的、具有巨大经济意义的技术进步，第一专利的所有权人有权以合理的条件通过交叉许可使用第二专利具有的发明，以及就第一专利授权的使用不得转让，除非与第二专利一同转让。

Trips 协议第 31 条除了规定上述适用强制许可的限制条件之外，在 f 项中进一步规定：强制许可的专利产品应该主要为了供应颁发该强制许可的成员境内市场之需。也就是说强制许可的专利产品原则上不得用于出口。另外，Trips 协议第 31 条 h 项还要求强制许可的获得人须向权利人支付足够的使用费。但是，由于有的发展中成员药品制造能力不足或根本就没有相应的制造能力，因此，即使在境内颁发了强制许可，也不能获得急需的医药产品，从而危及公共健康。正是考虑到这个问题，2001 年 Trips 协议与公共健康的多哈宣言第 6 段强调部长会议已经认识到在制药领域生产能力不足或缺乏生产能力的发展中国家成员在有效实施 Trips 协议下的强制许可方面可能面临的困难，并要求找出解决这一问题的有效方法❶。为了落实这一要求，2003 年 8 月 WTO 总理事会通过了《关于实施多哈宣言第 6 条款的理事会决议》❷，之后又于 2005 年 12 月通过《修改〈与贸易有关的知识产权协定〉议定书》❸ 对 Trips 协议进行修订，将 2003 年的决议内容

---

❶ Paragraph 5（d）of the Doha Declaration on the TRIPS Agreement and Public Health provides：We recognize that WTO Members with insufficient or no manufacturing capacities in the pharmaceutical sector could face difficulties in making effective use of compulsory licensing under the TRIPS Agreement. We instruct the Council for TRIPS to find an expeditious solution to this problem and to report to the General Council before the end of 2002.

❷ Implementation of paragraph 6 of the Doha Declaration on the TRIPS Agreement and public health, Decision of the General Council of 30 August 2003, WT/L/540.

❸ PROTOCOL AMENDING THE TRIPS AGREEMENT, Decision the General Council of 6 December 2005, WT/L/641。

纳入 Trips 协议框架之中。

2005 年的议定书主要是在 Trips 协议 31 条之后增加了 31 条之二，同时还为 Trips 协议增加了一个附件。根据 31 条之二，出口国在下列条件下颁发强制许可可以不受第 31 条 f 项的限制：第一，颁发强制许可是以制造医药专利产品为目的；第二，颁发强制许可须是为了向适格的进口成员出口；第三，出口国强制许可的获得人应该根据第 31 条 h 项向权利人支付足够的使用费，在计算该使用费的数额时，应该考虑到该使用许可在进口国的经济价值。而适格的进口国在颁发进口有关医药专利产品的强制许可时，则不必承担第 31 条 h 项的义务，即要求强制许可的获得人向专利权人支付使用费。附件则对医药产品、适格出口国、适格进口国等术语进行了定义，同时还对有关程序作了规定。该议定书为没有医药产品制造能力或制造能力不足的发展中国家获得急需的医药产品提供了便利，但是也同时暗示对国外经强制许可而制造的专利医药产品不能适用国际用尽规则允许平行进口，进口国必须首先授予进口人强制许可后，进口人才能不经专利权人同意而进口这些专利产品。

《修改〈与贸易有关的知识产权协定〉议定书》须经 WTO 成员 2/3 的多数批准后才能生效。目前，该议定书已经被包括我国、美国、欧盟、日本等成员在内的 34 个国家或地区批准。该议定书原定接受成员批准的截止日期是 2007 年 12 月 1 日，但由于在该截止日期尚未达到生效的法定多数，因此，根据有关规则该议定书接受批准的截止日期经过两次延长，已被延长到 2011 年年底❶。

世界贸易组织对 Trips 协议的修改，可以使发展中国家通过强制许可的方式从两条途径获得专利药品：一是对于自身具备制造能力的发展中国家而言，可以通过向本国的药品生产企业颁发强制许可，使其能够以较低的价格向本国市场提供专利药品；二是对于自身没有制造能力的发展中国

---

❶ EXTENSION OF THE PERIOD FOR THE ACCEPTANCE BY MEMBERS OF THE PROTOCOL AMENDING THE TRIPS AGREEMENT, Decision the General Council of 18 December 2007, WT/L/711; AMENDMENT OF THE TRIPS AGREEMENT – SECOND EXTENSION OF THE PERIOD FOR THE ACCEPTANCE BY MEMBERS OF THE PROTOCOL AMENDING THE TRIPS AGREEMENT, Decision of 17 December 2009, WT/L/785.

家而言，可以向药品进口商和药品销售商颁发免费的强制许可，以使本国公众获得其他国家通过强制许可而制造的价格较低的专利药品。这样，上述两种途径，就可以使所有的发展中国家都有机会对药品专利颁发强制许可，避免专利权的滥用。

虽然强制许可制度在绝大多数国家在绝对多数情况下是一种备而不用、引而不发的制度，但是，该制度却对专利权人具有重大影响，可以有效地促使专利权人考虑到发展中国家的实际，防止或遏制其滥用专利权。例如，2006 年 12 月泰国卫生部针对美国 Merck 公司抗艾滋病药品专利颁发了强制许可，许可指定的制药企业能够在不支付高额专利使用费的情况下，为该国艾滋病患者生产低成本的 Merck 公司抗艾滋病药品 Efavirenz。在泰国卫生部作出决定之前，Merck 公司将抗艾滋病药品在泰售价降低了20%，以期避免其药品专利被强制许可；在泰国作出强制许可决定之后，Merck 公司表示愿意就进一步降价与泰国政府进行磋商，或者以主动自愿许可的方式授权泰国政府制药企业进行生产。❶ 由此可见，强制许可确实具备达摩赫里斯之剑的效力，能够有效促使专利权人降低专利药品的价格，以满足公众的合理需求。

我国 2008 年《专利法》亦根据 Trips 协议及其修改议定书的有关规定对强制许可制度做了进一步完善。根据 2008 年《专利法》第 48~53 条的规定，我国的强制许可制度主要可以分为五类：第一，未实施或者未充分实施的强制许可，即在专利权人自专利权被授予之日起满 3 年，并且自提出专利申请之日起满 4 年无正当理由未实施或者未充分实施其专利的情况下，如果申请强制许可的单位或者个人提供证据证明其以合理的条件请求专利权人许可其实施专利，但未能在合理的时间内获得许可，那么国务院专利行政部门有权颁发强制许可；第二，垄断行为的强制许可，即如果专利权人行使专利权的行为被依法认定为垄断行为，并且为了消除或者减少该行为对竞争产生的不利影响，那么亦可颁发强制许可；第三，紧急状态或公共利益强制许可，即在国家出现紧急状态或者非常情况时，或者为了

---

❶ 武卓敏. 打破专利——强制许可生产抗艾药品 [EB/OL]. [2011 - 08 - 01]. http：// www. chinaiprlaw. cn/file/200612319806. html.

公共利益的目的，国务院专利行政部门可以给予实施发明专利或者实用新型专利的强制许可；第四，公共健康强制许可，即为了公共健康目的，对取得专利权的药品，国务院专利行政部门可以给予制造并将其出口到符合中华人民共和国参加的有关国际条约规定的国家或者地区的强制许可；第五，交叉强制许可，即一项取得专利权的发明或者实用新型比前已经取得专利权的发明或者实用新型具有显著经济意义的重大技术进步，其实施又有赖于前一发明或者实用新型的实施的，国务院专利行政部门根据后一专利权人的申请，可以给予实施前一发明或者实用新型的强制许可，但在依照交叉许可规定给予实施强制许可的情形下，国务院专利行政部门根据前一专利权人的申请，也可以给予实施后一发明或者实用新型的强制许可。

第二节

权利用尽与平行进口

在气候变化语境下，《与贸易有关的知识产权协议》第 6 条是发展中国家可以着重利用的一个重要条款。该条对权利用尽与平行进口问题作出了原则性规定。权利用尽问题主要讨论的是一件受知识产权保护的产品被售出后，权利人是否还有权禁止或限制该产品进一步流通的问题。与权利用尽问题紧密相连的是平行进口问题，平行进口问题主要是讨论一件受知识产权保护的产品在出口国被售出后，权利人是否可以在进口国行使知识产权禁止该产品的进口。由于目前绝大多数低碳技术产品会受到专利、商标、版权等知识产权的保护，因此，权利用尽与平行进口问题对发展中国家获得低碳技术产品而言具有重要意义，发展中国家有必要充分利用《与贸易有关的知识产权协议》第 6 条所规定的灵活性安排，制定和实施有利于本国的权利用尽规则或平行进口规则。

一、平行进口基本理论

有关平行进口的基本理论有两个：一是默示许可理论；二是权利用尽理论。默示许可理论，就是指知识产权产品被权利人或经其许可首次投放市场之后，如果权利人没有明示的权利保留，那么法律就认为权利人默示地转让了其对该特定知识产权产品再次销售或使用的控制权；否则，如果权利人在首次投放市场时做出了明示的权利保留，那么权利人就仅移转了该知识产权产品的物权，但并没有丧失其通过知识产权对该特定产品再次销售或使用的控制权。权利用尽理论，即经权利人或经其许可，知识产权产品被首次投放市场后，知识产权权利人即丧失对该特定知识产权产品再次销售或使用的控制权。二者最主要的区别在于：默示许可理论给予权利人机会，以保留其对知识产权产品再次销售或使用进行控制的权利；而权利用尽理论则由法律直接剥夺了权利人的这种机会。

（一）默示许可理论

默示许可理论发端于英国普通法。知识产权赋予了权利人对其智力成果进行商业利用的专有权，从字面意义上讲，这种专有权的控制范围不仅包括知识产权产品的制造，而且还包括该知识产权产品的销售、再次销售和使用。但是，根据常识，我们知道权利人在所有的商业环节中对其知识产权产品的后续销售与使用进行控制，既不现实，也会阻碍和窒息该知识产权产品市场的形成和发展。因此，英国普通法根据财产法原则发展出了适用于知识产权领域的默示许可理论。根据财产法原则，一旦财产所有人将其财产售出，那么除非有明确的权利保留，财产所有人即将其财产上的所有的财产权利转让给了财产受让人。这是财产法上的默示许可理论。英国普通法认为，同样的理论亦应适用于知识产权产品，只要知识产权权利人已经将其产品售出，那么他就不能再根据其知识产权而控制该售出产品的再次商业利用，除非权利人在售出时做了相应的权利保留。

1871 年，英国法院在 Betts v. Willmott 案❶中正式确立了默示许可理论。在该案中，法院认为，如果知识产权权利人将其产品售出，那么就默示着权利人给了购买者一个知识产权许可，该许可的内容为允许购买者转售或使用该特定产品，该许可适用的地域范围为包括英国在内的所有国家。当购买人购买一件产品时，购买人当然希望能够根据自己的意思处分它，如果权利人不希望给予购买人一个知识产权许可，以使购买人不能按照自己的意思在其所希望的地域转售或使用该产品，那么销售者与购买者之间必须存在清楚而明确的限制协议，才能使销售者的主张合法化。

默示许可原则不仅适用于国内售出的产品，也适用于国外售出的产品。对国内知识产权产品适用默示许可理论的国家较少，其原因在于知识产权人将知识产权产品投放国内市场后，如果再允许权利人保留对该产品的进一步流通进行限制的可能性，则会严重影响本国国内统一市场的形成，这是任何一个国家都难以接受的。对国外知识产权产品采取默示许可理论，既可避免进口产品动辄侵权，又可以使权利人在认为必要的情况下禁止平行进口，从而保护其智力成果或投资。

在英国，适用默示许可原则处理知识产权产品平行进口问题时，关键是看国外产品的销售人在销售时是否明确地告知了购买人禁止将该产品进口到英国销售或使用。该告知必须是明确的，而且必须为购买人所知。这里的购买人不仅包括直接的购买人，还包括后续的购买人。如果后续购买人不知道该销售限制，那么后续购买人就不受该限制的约束。另外，值得注意的是，在侵权诉讼中，证明被告已知该销售限制的举证责任由权利人承担。也就是说，只有原告证明被告明知该销售限制而仍将该知识产权产品进口到国内或在国内销售、使用，法院才判决被告承担侵权责任。

（二）权利用尽理论

权利用尽理论是由德国学者 Josef Kohler 在其 1900 年出版的一部有关

---

❶ Betts v Willmott，（1871）LR 6 Ch. App. 239.

专利法的著作中率先提出的❶。Kohler 教授认为默示许可理论缺陷明显，根据该理论，专利产品的销售人可以永远地控制购买者对该售出产品进行商业利用，而这一点显然不利于市场经济的发展。因此，Kohler 教授认为需要一个绝对的概念来对专利权进行限制，以便有利于专利产品在市场中的自由流动。专利法的目的在于给予权利人排他性的专有权，以使权利人能够禁止他人商业性地使用其发明创造，从而确保权利人从其发明创造中获得经济回报。而发明创造的商业使用包括不同形式，如制造、销售、出租、出口、进口等。这些使用的方式并不是孤立的，而是彼此之间相互关联的。专利权人就特定的专利产品，仅应获得一次经济回报，一旦他从该特定专利产品中获得了经济回报，那么他就不能再行使其专利权对该产品的商业利用进行控制，也就是说，就该特定产品而言，他的专利权已经被用尽了。权利用尽理论虽然最先针对专利权而提出，但是这个理论也同样适用于商标权、版权等领域。同时，根据权利人丧失控制权的地域范围，可以将权利用尽分为三类：国内用尽、国际用尽和区域用尽。

1. 国内用尽规则

国内用尽就是指知识产权产品被首次投放市场后，知识产权权利人仅在投放国丧失对该特定知识产权产品再次销售或使用的控制权；但是权利人对在其他国家投放市场的产品，仍然可以通过行使其在国内的知识产权控制该产品向国内进口或在国内销售、使用。

国内用尽规则对国内产品和国外产品的影响是截然不同的：一方面，权利人在国内将知识产权产品投放市场后❷，权利人就不能再依据其在国内享有的知识产权控制该售出产品的再次销售或使用；另一方面，如果知识产权产品是权利人在国外投放市场的，那么权利人仍然可以行使其在国内享有的知识产权控制该国外产品向国内的进口、在国内的销售或使用。

---

❶ Christopher Heath：Legal Concepts of Exhaustion and Parallel Imports，http：//edoc. mpg. de/226920.

❷ 严格地说，国内用尽规则的适用对象不仅包括经权利人同意而投放国内市场的知识产权产品，同时还应包括第三人未经权利人许可而根据知识产权法的有关规定所合法制造并投放国内市场的知识产权产品，如先用权人根据在先使用规则而制造并销售的专利产品。但是，由于后者数量很少，因此在下文的论述中，如果不特别说明，一般不予讨论。

采用国内用尽规则的后果主要有三：一是知识产权具有了与贸易壁垒相似的效果，国外的知识产权产品要进入国内必须要获得国内权利人的同意，这样也就避免了国外产品对国内市场的冲击；二是使知识产权权利人拥有了分割国际市场的能力，权利人可以根据各国市场的不同情况实行不同的价格以及其他市场政策；三是平行进口会构成侵权，国内消费者对现有产品和价格的选择机会也相应地被减少。总之，国内用尽规则有利于国内的知识产权权利人，但是却不利于国内平行进口市场的培育和国内消费者的即期利益❶。

2. 国际用尽规则

国际用尽规则是指知识产权产品被首次投放市场后，不论该产品是在国内投放的还是在国外投放的，知识产权权利人都丧失对该特定知识产权产品再次销售或使用的控制权。

与国内用尽规则相比，国际用尽规则所具有的特点及影响主要有四：第一，国际用尽规则能导致权利用尽的产品范围要远远广于国内用尽规则。国内用尽规则仅适用于在国内合法投放市场的知识产权产品；而国际用尽规则则适用于在世界各国合法投放市场的产品。第二，平行进口通常将不会构成侵权。当然，由于各国国际用尽规则的适用范围各不相同，因此，法律允许的平行进口的范围也有大有小。例如，根据美国商标法领域的平行进口规则，对美国商标权人或与美国商标权人有共同控制关系的人在美国之外投放市场的产品，可以适用权利用尽规则，美国商标权人不得再根据其在美国享有的商标权禁止该产品的平行进口以及在美国的销售和使用。但是，如果进口产品是美国商标权人授权与其没有共同控制关系的人在国外投放市场的，那么就不能适用权利用尽原则，亦即美国商标权人可以根据其在美国所享有的权利禁止该产品的平行进口以及在美国的销售

---

❶　在一个国家，尤其是对我国这样的大国来说，适当加强知识产权保护，从长期来看必然能够促进技术的进步与应用，相应地也可以提高生产效率，能够向市场提供更多更丰富的质优价廉的商品，因此，消费者也能够获得相应的利益；但是，从即期来看，由于加强知识产权保护只能强化权利人对现有技术利用的控制，从而使权利人从现有技术的利用中获取更多的经济回报，这样，消费者对现有技术支付的费用就会绝对地增加，因此，加强知识产权保护肯定不利于消费者的即期利益。

和使用。又如，根据新加坡版权领域的国际用尽规则，即使就同一作品而言新加坡版权人与出口国的版权人没有任何企业上的及许可上的关联关系，只要该进口的版权产品是经出口国版权人同意而在出口国制造的，那么国际用尽规则就可以适用于该进口产品。由此可见，新加坡国际用尽规则适用产品的范围要远远广于美国的相应规则。第三，国际用尽规则使权利人丧失了利用知识产权分割国际市场的能力，因此，权利人在颁发使用许可或向国际市场投放知识产权产品时，必须考虑世界市场布局以及低价国市场对高价国市场的冲击等问题。第四，由于市场能够给消费者提供更多的平行进口产品，因此，消费者对现有产品和价格的选择机会也相应增多。

3. 区域用尽规则

区域用尽规则主要是对欧共体而言，知识产权产品在欧共体被首次投放市场后，知识产权权利人即在该区域内的各成员国丧失对该特定知识产权产品再次销售或使用的控制权，但是对在区域外国家投放市场的知识产权产品，权利人仍然可以行使其在欧共体内享有的知识产权控制该知识产权产品在欧共体内的销售或使用。

区域用尽规则是欧共体共同市场建设的基本要求。1957 年《建立欧洲经济共同体条约》❶ 第 2 条规定，共同体的任务就是通过建立共同市场和经济金融联盟，实现经济平稳可持续的发展，增进成员国之间经济和社会的团结与和谐，提高共同体公众的社会福利。实现上述任务建立欧洲共同市场的基础就是要在共同体内确保"四大自由"，即商品、服务、人员与资金的自由流动❷。但是，由于共同体内成员国的权利用尽规则各不相同，有的采用国际用尽规则，有的采用国内用尽规则，而有的又采用默示许可

---

❶ See Treaty Establishing the European Economic Community, Rome, March 25, 1957; as amended by Single European Act, 1987; as amended by Treaty on European Union, Maastricht, February 7, 1992; as amended by Treaty of Amsterdam, 1997; as amended by Treaty of Nice, 2001; as amended by Treaty establishing a Constitution for Europe, 2004. 该条约在 1992 年被简称为 "EEC Treaty"《欧洲经济共同体条约》，1992 年之后被简称为 "EC Treaty"《欧洲共同体条约》，本文简称《欧共体条约》。

❷ Introduction of Treaty establishing the European Economic Community, source: http://europa. eu/scadplus /treaties/eec_ en. htm.

规则，如果有的成员国适用国内用尽规则，那么从其他成员国向该国进口知识产权产品就必须得到该国权利人的同意，这显然会对商品的自由流动原则构成严重损害。因此，为了确保商品在共同市场内自由流动这一共同体基本目标的实现，就必须对成员国的权利用尽规则进行协调。经过欧洲法院和共同体立法机关的共同努力，欧共体才最终确立了区域用尽规则。

欧共体采取区域用尽规则的原因主要有三：第一，可以防止知识产权权利人利用知识产权分割共同市场，确保知识产权产品在共同市场内的自由流动，从而实现共同体的基本目标。第二，能够同时兼顾采取不同权利用尽规则的成员国的利益。对原来采取国内用尽规则或默示许可规则的成员国而言，由于其在缔结欧共体条约时，就已经承诺确保商品在共同市场的自由流动，因此，要求其采用区域用尽规则则是其履行条约义务的应有之义。对原来采取国际用尽规则的成员国而言，如果仍允许其采用国际用尽规则，那么第三人就可以首先将共同体之外的产品平行进口到该国，然后再通过该国向其他成员国销售该进口产品，这样就会使区域用尽规则名存实亡，所以原来采取国际用尽规则的成员国亦须采用区域用尽规则。第三，区域用尽规则具有可扩展性。如果经过实践和磋商，欧共体成员国达成共识而统一适用国际用尽规则，那么共同体市场就可以立即适应这一规则。

二、TRIPs 协议第 6 条的形成过程

Trips 协议第 6 条集中体现了世界贸易组织缔约方对权利用尽问题的分歧。该条款最终文本的形成过程亦是一波三折，反映了缔约方对这个问题的重视和纷争程度。在 Trips 协议谈判之前，各缔约方有关知识产权权利用尽问题的政策和规则各不相同，同时，很多成员国还根据不同种类知识产权的特点而采取不同权利用尽规则。在乌拉圭回合谈判中，美国代表在 1987 年提交的有关 Trips 协议最初文本中没有提到权利用尽问题。但是，在一份由 GATT 秘书处于 1988 年汇编并分发的有关假冒产品的各方建议集中，涉及平行进口。该建议集中认为假冒产品不应包括平行进口产品，最

终形成的多边协议也不应要求缔约方采取措施反对平行进口。❶ 在 1989 年的谈判过程中，有很多意见认为边境措施不应适用于平行进口产品。❷ 而美国在提出应对商标领域适用国内用尽规则后，立即招致了印度代表的反对，该代表针锋相对地认为国际用尽规则应该适用于商标领域❸。

　　1990 年 7 月，Trips 谈判小组（TNG）主席 Anell 根据各国的建议，形成了一份报告。❹ 该报告部分地涉及了权利用尽问题。该报告所提供的 Trips 协议草案第 4 条规定：在考虑到商标权人和第三方合法利益的前提下，缔约方可以对商标专有权利规定有限的例外，如描述性词语的合理使用；如果商标产品或服务已经由商标权人自己或经其许可而在缔约方境内投放市场，那么相应权利应该适用权利用尽规则。该报告的内容经过缔约方讨论后，于 1990 年 12 月形成了 Brussels 文本❺，并提交在布鲁塞尔举行的部长级会议讨论。Brussels 文本第 6 条是最终文本第 6 条的原型，但二者仍存在重要而关键的差异。Brussels 文本第 6 条规定：在符合上述第 3 条和第 4 条的前提下，并在知识产权产品已经由权利人或经其许可而投放市场的前提下，本协议的任何内容均不构成缔约方的义务或限制缔约方的自由，以决定其涉及产品使用、销售、进口或其他分发行为的权利用尽法律规则。Brussels 文本第 6 条可以被视为一个有关权利用尽问题的实体条款，该规定涉及权利用尽问题的实体内容。这一点与最后文本大不相同，最后文本仅是规定在有关 Trips 协议的争端解决程序中排除涉及权利用尽问题。这一差异表明了缔约方不能就权利用尽问题的实体条款达成任何一致。例如，针对 Brussels 文本第 6 条的"在知识产权产品已经由权利人或经其许

---

❶　Trade in Counterfeit Goods：Compilation of Written Submissions and Oral Statements，Prepared by the Secretariat，MTN. GNG/NG11/W/23，26 April 1988.

❷　Note by the Secretariat，Meeting of Negotiating Group of 3 – 4 July 1989，MTN. GNG/NG11/13，16 August 1989，e. g.，at para. D7；Note by the Secretariat，Meeting of Negotiating Group of 12 – 14 July 1989，MTN. GNG/NG11/14，12 September 1989，at para. 26.

❸　Id.，Meeting of 3 – 4 July 1989，at para. 45.

❹　Status of Work in the Negotiating Group，Chairman's Report to the GNG，MTN. GNG/NG11/W/76，23 July 1990.

❺　Draft Final Act Embodying the Results of the Uruguay Round of Multilateral Trade Negotiations，Revision，Trade – Related Aspects of Intellectual Property Rights，Including Trade in Counterfeit Goods，MTN. TNC/W/35/ Rev. 1，3 Dec. 1990.

可而投放市场的前提下"这一内容,有很多发展中国家提出意见,认为权利用尽规则不应仅适用于知识产权权利人已经同意投放市场的产品,因为在其他情况下投放市场的产品也可能导致权利用尽问题,比如强制许可产品的销售。正是由于缔约方的激烈争论,谈判各方才放弃了对权利用尽的实质条款达成一致的尝试,并形成了 Trips 协议最终文本第 6 条。

三、TRIPs 协议第 6 条的内容

Trips 协议第 6 条规定,在符合上述第 3 条和第 4 条的前提下,在依照本协议而进行的争端解决程序中,不得借助本协议的任何条款,去涉及权利用尽问题❶。对该条的理解,应该从两个方面进行:一是权利用尽与争端解决程序的关系;二是权利用尽与最惠国待遇原则和国民待遇原则的关系。

(一) 依照 TRIPs 协议而进行的争端解决

WTO 规则之所以重要,一个主要原因是它有自己独立的争端解决机制,条约有了"牙齿",缔约方都要受争端解决程序的约束。Trips 协议作为 WTO 规则的一个组成部分,自然也应该受到 WTO 争端解决机制的管辖,而 Trips 协议第 6 条的意思则是不得依照该协议的内容在争端解决机制框架内处理缔约方之间的依照该协议而发生的权利用尽争议。但是,权利用尽问题不仅对 Trips 协议之内的规则有影响,而且还可能对其他领域的 WTO 规则产生影响。例如,受知识产权保护的技术可能成为技术标准的一部分,而技术标准又受到贸易技术壁垒协定(TBT Agreement)的规制。如果缔约方就技术标准是否符合贸易技术壁垒协定产生争议,那么这样的争议就可以适用争端解决机制。而根据 Trips 协议第 6 条的字面意思,争端解决机制显然可以适用 Trips 协议的内容解决依照 TBT 协议而发生的权利用

---

❶ Art 6 of Trips provides: For the purposes of dispute settlement under this Agreement, subject to the provisions of Articles 3 and 4 nothing in this Agreement shall be used to address the issue of the exhaustion of intellectual property rights.

尽争议。又如，由于权利用尽规则与商品的自由流动具有天然的内在联系，如果缔约方采用国内用尽规则，那么知识产权权利人就可以阻止相应商品的进口，因此，知识产权具有与进口配额相类似的效果。根据 WTO 框架下的关贸总协议第 11 条❶，缔约方不得对缔约方之间的进口或出口产品设立或维持除关税、税收或其他收费之外的禁止或限制措施。这种被关税总协议禁止的措施包括：配额、进口或出口许可等措施。这样，根据 Trips 协议第 6 条的字面意思，GATT 争端裁决小组就有可能将知识产权认定为与配额具有等同效果的贸易限制措施。❷

（二）TRIPs 协议第 3 条、第 4 条对第 6 条的约束

Trips 协议第 3 条规定的是国民待遇原则，第 4 条规定的是最惠国待遇原则。根据第 6 条，缔约方的权利用尽规则应该受到国民待遇原则和最惠国待遇原则的限制。

适用国民待遇原则要求缔约方对其他缔约方国民提供的待遇至少不应低于本国国民。从权利人的角度来看，就权利用尽问题而言，这一规定要求缔约方不得实行这样的权利用尽规则，即对本国权利人适用国内用尽规则，以使本国权利人能够禁止平行进口，而与此同时对外国权利人适用国际用尽规则，从而使外国权利人不能禁止平行进口。当然，如果缔约方在对本国权利人适用国际用尽规则的同时对外国权利人适用国内用尽规则，那么由于外国权利人所受到的知识产权保护水平高于本国，所以这样的规定至少是符合 Trips 协议第 3 条的。不过，由于这样的规定会使国内权利人处于竞争的劣势地位，因此很少有国家做出这样规定。目前，世界上绝大

---

❶ Art XI of General Agreement on Tariffs and Trade 1994 provides: "1. No prohibitions or restrictions other than duties, taxes or other charges, whether made effective through quotas, import or export licences or other measures, shall be instituted or maintained…"

❷ Thomas Cottier, The WTO System and the Exhaustion of Rights, draft of November 6, 1998, for Conference on Exhaustion of Intellectual Property Rights and Parallel Importation in World Trade, Geneva, Nov. 6 – 7, 1998, Committee on International Trade Law, and Remarks of Thomas Cottier, in Second Report, and Remarks of Adrian Otten in Second Report, taking the position that Article 6 does not preclude application of the GATT 1994 or GATS to issues involving parallel importation. See also UNCTAD – ICTSD: Resource Book on TRIPs and Development, p. 104 – 106, Cambridge University Press, 2005.

多数国家对本国国民和外国人采取的是相同的权利用尽规则。

另外，值得注意的是，国民待遇原则仅要求缔约方对其他缔约方的国民不得实行歧视性或差别待遇，但是国民待遇原则并不禁止缔约方对不同种类的知识产权或不同的商品实行差别待遇。因此，缔约方就有权对不同种类的知识产权或不同种类的商品实行不同的权利用尽规则。这样，我国就可以根据国情而对不同的领域适用不同的权利用尽规则，以便趋利避害，实现国家利益最大化。例如在版权领域，由于我国文学艺术创造能力较强，而计算机软件在很大程度上仍然依靠进口，因此，我国可以对文学艺术作品的版权保护适用国内用尽规则，而对计算机软件的版权保护适用国际用尽规则。

最惠国待遇原则要求缔约方不得对其他的不同缔约方的国民适用不同的权利用尽规则。例如，如果我国对日本国民适用国际用尽规则，那么我国也必须对美国国民适用相同的权利用尽规则，即国际用尽规则。在实践中，由于外国权利人更倾向于在其所属国制造其知识产权产品，这样，在法律实务中我国对来自日本的产品和来自美国的产品就在事实上也适用了相同的权利用尽规则。

由于区域用尽规则对来自本区域内成员国的产品和来自区域外成员国的产品进行区别对待，分别赋予不同的法律地位，因此，有观点认为区域用尽规则与最惠国待遇原则不相吻合。❶ 这种观点值得商榷。因为最惠国待遇原则针对的是缔约方的国民（包括自然人和法人），要求对其他缔约方的国民平等相待。而区域用尽规则针对的则是知识产权产品，对投放于区域市场之内的产品，无论区域内国民投放的还是区域外国民投放的，无论是区域外甲国国民投放的还是区域外乙国国民投放的，对该特定产品而言均导致权利用尽；而对投放于区域之外市场的产品，则亦不论何人所投放，均不导致权利用尽后果的发生。因此，从法律和形式上看，如果缔约方实行区域用尽规则，并不会造成对区域内其他缔约方国民和区域外缔约方国民的差别待遇，因此也不会违反最惠国待遇原则。当然，由于在实践

---

❶ See also UNCTAD – ICTSD: Resource Book on TRIPs and Development, p. 108, Cambridge University Press, 2005.

上权利人更倾向于在本国制造知识产权产品，因此，区域内其他缔约方权利人制造的产品❶更可能会导致权利用尽，而区域外缔约方权利人制造的产品❷则更可能不会发生权利用尽。这样，从实际效果上看，区域用尽规则就会导致对区域内其他缔约方权利人的保护水平低于对区域外缔约方的保护水平。但是这种差别并不为 Trips 协议所禁止，这是因为：第一，Trips 协议所要求的平等保护是法律上的平等、形式上的平等，而不是实质效果上的平等，同时，实现实质效果上的平等也是不可能实现的；第二，由于区域用尽规则不构成对区域外缔约方国民的任意的或不正当的歧视，所以区域用尽规则亦可以得到 Trips 协议第 4 条（d）款的豁免。

四、平行进口与进口权

Trips 协议第 28 条规定专利权人享有进口权，他人未经专利权人许可不得进口专利产品或进口依照专利方法直接获得的产品。显然，由于平行进口产品是未经权利人许可而进口的产品，如果仅根据该条的字面意思，不考虑上下文，那么专利权人就可以根据其进口权而禁止平行进口。这样，根据 Trips 协议第 28 条就可以推论出该协议要求缔约方在专利领域采用国内用尽规则。但是，由于缔约方对权利用尽问题并不能达成一致意见，尤其是发展中国家坚决反对国内用尽规则，因此，Trips 协议特意对第 28 条加了一个注脚 6。该注脚规定：专利权人享有的进口权，如同依照本协议享有的有关商品使用、销售、进口或其他分发权利一样，均适用第 6 条的规定。❸ 这就意味着任何缔约方不得利用第 28 条规定的进口权在 Trips 争端解决机制下去涉及权利用尽问题。质言之，即使一个缔约方采用国际用尽规则，其他缔约方也不得根据第 28 条规定的进口权在 WTO 框架内对前者的做法进行挑战。因此，缔约方可以自由决定本国的权利用尽规则，

---

❶ 由于该产品来自区域内其他成员国的可能性较大。

❷ 由于该产品来自区域外其他成员国的可能性较大。

❸ Footnote 6 to Article 28 of Trips provides："This right, like all other rights conferred under this Agreement in respect of the use, sale, importation or other distribution of goods, is subject to the provisions of Article 6."

在这一意义上，缔约方不受进口权的约束。

在实践中，无论是 WTO 成立之前，还是 WTO 成立之后，各国均是按照自己的利益采取各自独立的权利用尽规则。同时，在 2001 年通过的有关 Trips 协议与公共健康的多哈宣言中亦对缔约方采用权利用尽规则的自由进行了明确。该宣言第 5 段 d 项规定❶：在符合 Trips 协议第 3 条和第 4 条国民待遇原则和最惠国待遇原则的前提下，缔约方有权不受任何挑战地决定本国的知识产权权利用尽规则。

五、平行进口与边境措施

如果出口国没有对侵权产品采取有效的执法措施，那么就需要进口国在进口环节中保护知识产权人的合法权益。因此，Trips 协议第 51 条规定了缔约方对假冒商标产品和盗版产品提供边境措施的义务。根据该条规定，权利持有人如果有合法理由怀疑假冒商标的商品或盗版商品有可能进口，那么在这种情况下，缔约方有义务规定有关程序，以使其能够向主管的司法或行政当局提交书面申请，要求海关中止放该商品进入自由流通❷。

值得注意的是，缔约方仅是有义务对假冒商标的产品和盗版产品采取边境措施，而对其他种类的进口产品，却没有义务规定边境措施，即便进口国法律亦将该进口产品视为侵权产品。根据注脚 14 的定义，假冒商标商品是指任何下列商品（包括包装）：其未经授权使用了与在该商品上有效注册商标相同的商标，或者使用了其实质部分与有效注册商标不可区分的商标，并因而依照进口国法律侵犯了该商标所有人的权利；盗版商品则指下列商品：其在商品制造国未经权利持有人本人或被正当授权之人许可而复制，并且其直接或间接依照某物品制造，而该物品的复制依据进口国法

---

❶ Paragraph 5（d）of the Doha Declaration on the TRIPS Agreement and Public Health provides："The effect of the provisions in the TRIPS Agreement that are relevant to the exhaustion of intellectual property rights is to leave each Member free to establish its own regime for such exhaustion without challenge, subject to the MFN and national treatment provisions of Articles 3 and 4."

❷ 郑成思.《与贸易有关的知识产权协议》详解［M］. 北京：北京出版社，1994：202.

律已经构成侵犯版权或有关权利。❶ 由此可见，对侵犯专利权的进口商品，成员方并无义务规定边境措施。

同时，由于平行进口产品至少在出口国是合法的产品，亦即该产品在出口国的制造、销售不构成违法，因此 Trips 协议亦不强制要求缔约方对平行进口商品提供边境措施保护。对这一点，注脚 13 有明确的澄清。根据注脚 13，缔约各方一致认为缔约方无义务对权利持有本人或经其许可而在另一国家市场投放的商品适用边境措施❷。根据这一注解，并结合第 51 条，可以看出边境措施与平行进口的关系是：第一，认定进口商品是否属于假冒商标产品或盗版产品的法律依据是进口国的法律，因此，并非所有的平行进口产品都不能适用边境措施；第二，由于通常情况，平行进口商品是由权利人或经其许可而投放市场的，因此，对大多数平行进口产品而言，缔约方无义务提供边境措施保护；第三，对某些特殊情况的平行进口商品（如在出口国是经强制许可而制造或销售的），如果进口国法律将该进口商品视为假冒商标产品或盗版产品，那么缔约方就有义务提供边境措施保护。

需要注意的是，上述规定仅是成员国有义务对权利人提供的最低保护，成员国还有权利自由选择是否对权利人提供更高水平的边境措施保护。但是对平行进口而言，根据国际经验，在边境措施问题上，各国或地区的法律通常将平行进口产品与假冒、盗版产品进行区别对待。例如，欧共体虽然在平行进口问题上坚持区域用尽规则，将大量的自区域外向共同体的平行进口视为侵权，但是共同体法律却并未对平行进口规定边境措

---

❶ Note 14 to Trips reads: "counterfeit trademark goods" shall mean any goods, including packaging, bearing without authorization a trademark which is identical to the trademark validly registered in respect of such goods, or which cannot be distinguished in its essential aspects from such a trademark, and which thereby infringes the rights of the owner of the trademark in question under the law of the country of importation; "pirated copyright goods" shall mean any goods which are copies made without the consent of the right holder or person duly authorized by the right holder in the country of production and which are made directly or indirectly from an article where the making of that copy would have constituted an infringement of a copyright or a related right under the law of the country of importation.

❷ Note 13 to Trips reads: It is understood that there shall be no obligation to apply such procedures to imports of goods put on the market in another country by or with the consent of the right holder, or to goods in transit.

施。根据《有关侵犯知识产权商品的海关手段与措施的共同体条例》❶，成员国海关对疑似侵犯知识产权的进口商品可以主动中止放行，并通知有关利害关系人；成员国海关亦可以应知识产权权利人的请求中止放行侵犯知识产权的产品。但是，根据该条例第 3 条的规定，上述边境措施并不适用经知识产权权利人同意而在境外投放市场的进口商品，即使该境外商品的进口未获得权利人的许可。

六、发展中国家的权利用尽与平行进口规则

在实践中，各个国家或地区所采用的平行进口规则各不相同。欧盟分别在商标领域、版权领域和专利领域确立了区域用尽规则。美国则在商标、版权、专利三个不同的领域适用不同的平行进口规则。东亚主要国家或地区则根据本地的外向型经济特征，主要适用国际用尽规则或默示许可规则。从总体来看，欧美倾向于禁止或限制平行进口，而东亚国家或地区则倾向于鼓励或允许平行进口。但是从发展趋势来看，由于国际贸易一体化、自由化的加剧以及知识产权规则国际化、标准化的推动，允许平行进口是一个发展方向。

在气候变化背景之下，为了促进低碳技术产品的转移与利用，对包括我国在内的发展中国家而言，应该趋向于采用国际用尽规则，允许平行进口。主要原因有四：一是发展中国家采用国际用尽规则不会违反国际义务，也不会产生太大的国际阻力。二是对发展中国家来讲，国际贸易已经成为国民经济增长的重要推动力，为了保障自由贸易促进国内经济的发展，发展中国家应该对平行进口尽量采取开放的态度。三是发展中国家国民所拥有的知识产权大大少于发达国家，特别是在低碳技术方面，80% 的知识产权掌握在发达国家手里，如果赋予知识产权人禁止平行进口的权利，那么不仅发展中国家为了适应和减缓气候变化必然会向发达国家权利

---

❶　Council Regulation（EC）No 1383/2003 of 22 July 2003 concerning customs action against goods suspected of infringing certain intellectual property rights and the measures to be taken against goods found to have infringed such rights, Official Journal L 196 , 02/08/2003 P. 0007 – 0014.

人支付更加高昂的知识产权费用，这样既不利用发展中国家获得低碳技术产品，也不利于全球气候问题的解决，因此，发展中国家采取限制平行进口的规则不仅不符合其自身利益，也可能对全球气候问题产生不利影响。四是发展中国家采取国际用尽原则，不仅不会减缓低碳技术向发展中国家的转移，而且还会促进低碳技术向发展中国家转移。这是因为发展中国家采取国际用尽原则，允许平行进口，一方面可以有效降低低碳技术产品价格，促进低碳技术产品的进口；另一方面可以影响发达国家采取有利于平行进口的规则，使发展中国家制造的低成本的低碳技术产品可以回流于发达国家，进而促进发达国家的权利人通过设立独资或合资企业的形式向发展中国家转移低碳技术。

第三节

发展中国家的过渡性安排

由于《与贸易有关的知识产权协议》为 WTO 成员设置了较高的知识产权保护标准，发展中国家很难在世界贸易组织成立时就达到 Trips 协议所规定的知识产权保护水准，并且这样做对发展中国家损害也会很大，因此，Trips 协议第六部分主要针对发展中国家的实际情况，对各缔约方履行 Trips 协议条款的义务做出了过渡性安排。在全球应对气候变化过程中，发展中国家可以根据该过渡性安排，促进低碳技术从发达国家向发展中国家转移。

根据 Trips 协议第 65 条第 1 款的规定，任何缔约方在该协议生效后 1 年之内没有义务适用本协议的规定。Trips 协议于 1995 年 1 月 1 日正式生效，因此，在 1996 年 1 月 1 日之前，任何缔约方的法律或实践可以不与 Trips 协议的规定相一致。需要指出的是，这一年的过渡期主要是给发达国家的，因为发展中国家还有更长的过渡期。另外，虽然在过渡期内，缔约方不必遵守 Trips 协议的规定，但是国民待遇原则和最惠国待遇原则是整个世界贸易组织得以建立的基石，因此，即使缔约方的知识产权法律或保护标准与 Trips 协议不相一致，但是缔约方也必须在知识产权保护问题上坚持国民待遇原则和最惠国待原则。❶ 这一点不仅适用于发达国家的一年过渡期，同时，也适用于发展中国家和最不发达国家。

　　根据 Trips 协议第 65 条第 2 款和第 3 款的规定，发展中国家和由计划经济向市场经济转型的国家除上述 1 年的过渡期之外，还额外享有 4 年的过渡期，即在 2000 年 1 月 1 日之前，发展中国家和转型国家对知识产权保护的水平可以低于 Trips 协议的规定。如果发展中国家按照上述规定开始在本国实施 Trips 协议时（通常是指 2000 年 1 月 1 日），其本国法尚未对某些技术领域的发明创造进行保护，虽然根据 Trips 协议第二部分第五节的规定该国有义务对该技术领域的发明创造给予专利保护，但是该发展中国家仍然可以再享受额外 5 年的过渡期，即在 2005 年 1 月 1 日之前，不对该技术领域的发明创造给予专利保护。Trips 协议之所以作出如此规定，主要是考虑到世界贸易组织谈判时有很多发展中国家出于对本国国民健康和农业生产的考虑对药品和农药化学产品不给予专利保护，发展中国家如果在 Trips 协议生效后立即对药品和农药化学产品给予专利保护，对其经济和社会影响太大，因此才给了发展中国家额外 5 年的过渡期。

　　考虑到最不发达国家的特殊情况，Trips 协议第 66 条第 1 款专门为最不发达国家规定了更长的过渡期。该款规定："鉴于最不发达国家成员的特殊需要和要求，考虑到其经济、财政和管理的局限性，以及其为创立可行的技术基础所需的灵活性，不得要求此类成员在按第 65 条第 1 款定义的适用日期起 10 年内适用本协定的规定，但第 3 条、第 4 条和第 5

---

❶ The WTO Appellate Body has qualified the national treatment and MFN obligations as "cornerstones" of the world trading system, including the TRIPS Agreement (see WTO Appellate Body, United States – Section 211 Omnibus Appropriations Act of 1998, WT/DS176/AB/R, 2 January 2002 (U. S. – Havana Club), at para. 297). 转引自：UNCTAD – ICTSD：Resource Book on TRIPs and Development, p. 713, Cambridge University Press, 2005.

条除外。TRIPS 理事会应最不发达国家成员提出的有根据的请求，应延长该期限。"根据该款规定，最不发达国家在 2006 年 1 月 1 日之前可以不实施 Trips 协议，亦即其知识产权保护的法律和标准可以低于 Trips 协议的具体要求。

另外，Trips 协议第 66 条第 1 款还规定上述过渡期可以根据最不发达国家成员的请求予以延长。为了解决最不发达国家获取廉价医药问题，世界贸易组织部长理事会在 2001 年在《Trips 协议与公共健康宣言》第 7 段中声明：在 2016 年之前，最不发达国家可以根据 Trips 协议第 66 条第 1 款的规定在医药产品领域不实施 Trips 协议有关专利保护和商业秘密保护的规定。● 之后，根据部长会议的指示，Trips 理事会在 2002 年 6 月 27 日通过了《根据 Trips 协议第 66 条第 1 款对最不发达国家在医药产品领域的某些义务延长过渡期的决定》，以法律的形式明确了最不发达国家可以在 2016 年 1 月 1 日之前对医药产品不实施 Trips 协议有关专利保护和商业秘密保护的规定。同时，该决定还规定，对医药产品知识产权保护过渡期的延长并不妨碍最不发达国家寻求对其他领域知识产权保护过渡期的延长。❷ 2005 年 11 月 29 日 Trips 理事会根据最不发达国家的请求通过了《根据 Trips 协议第 66 条第 1 款延长最不发达国家过渡期的规定》，将最不发达实施 Trips 协议的过渡期延长七年半，即在 2013 年 7 月 1 日之前最不发达国家在遵守国民待遇原则和最惠国待遇原则的前提下，不应被要求必须遵守 Trips 协议。❸

在应对气候变化问题上，发展中国家主要可以利用 Trips 协议的过渡性机制从以下 3 个方面促进低碳技术转移：第一，最不发达国家可以利

---

❶ See Declaration on the TRIPS agreement and public health, Adopted on 14 November 2001. WT/MIN (01) / DEC/2, 20 November 2001. http：//www. wto. org/english/thewto_ e/minist_ e/min01_ e/mindecl_ trips_ e. htm.

❷ See Extension of the Transition Period under Article 66. 1 of the TRIPS Agreement for Least – Developed Country Members for Certain Obligations with Respect to Pharmaceutical Products, Decision of the Council for TRIPS of 27 June 2002, IP/C/25.

❸ See EXTENSION OF THE TRANSITION PERIOD UNDER ARTICLE 66. 1 FOR LEAST – DEVELOPED COUNTRY MEMBERS, Decision of the Council for TRIPS of 29 November 2005, http：//www. wto. org/english/news_ e/pres05_ e/pr424_ e. htm.

用 Trips 协议第 66 条第 1 款的规定在 2013 年 7 月 1 日之前拒绝给予低碳技术以专利保护，从而免费获得发达国家的低碳技术。第二，最不发达国家还可以利用 Trips 协议第 66 条第 1 款寻求在 2013 年 7 月 1 日之后延长过渡期，至少可以寻求在 2013 年 7 月 1 日之后在低碳技术领域不实施 Trips 协议有关专利保护和商业秘密保护的规定。由于最不发达国家已经在医药产品领域获得了类似的宽限，因此，最不发达国家在低碳技术领域在 2013 年 7 月 1 日之后获得相应的宽限也是合理和可能的。第三，发展中国家在联合国气候谈判和世界贸易组织谈判过程中，可以比照最不发达国家所获得优惠，要求在低碳技术领域获得类似的过渡性优惠。比如，发展中国家可以要求在 2020 年之前对低碳技术不适用 Trips 协议第二部分第五节的规定，即可以对低碳技术不给予专利保护，或者给予较低程度的专利保护。

第四节

技术合作与技术转移

保护知识产权的一个重要目的就是要促进技术转移。Trips 协议第 7 条规定：知识产权的保护和实施应该有助于促进技术创新和技术转移与传播，有助于技术知识的创造者和使用者的相互利益，并有助于社会和经济福利及权利与义务的平衡。❶ 该条表明了 Trips 协议的目的，同时，也暗示了发达国家与发展中国家在知识产权保护问题上的分歧。发达国家希望通

---

❶ Art. 7 of Trips provides: The protection and enforcement of intellectual property rights should contribute to the promotion of technological innovation and to the transfer and dissemination of technology, to the mutual advantage of producers and users of technological knowledge and in a manner conducive to social and economic welfare, and to a balance of rights and obligations.

过保护知识产权达到保护其技术"财产"的目的，而发展中国家则希望
Trips 协议所设定的知识产权保护规则更有利于技术从发达国家向发展中国
家转移和传播。Trips 协议第 7 条综合了发达国家和发展中国家的观点，认
为知识产权保护的目的主要在于两个方面：一是促进技术创新；二是促进
技术转移和传播。另外，根据 Trips 协议第 7 条可以看出：知识产权保护本
身并非 Trips 协议的目的，缔约方应该通过知识产权的保护与实施达到该
条所设定的目标。另外，从第 7 条"知识产权保护和实施应该有助于"这
一表述中还可以看出，缔约方认为知识产权保护并不能自动地实现 Trips
协议的上述目标，缔约方还应该以有利于提升社会和经济福利的方式制定
或修改本国的相关法律规则，以其促进技术创新和技术转移与传播。❶ 为
了促进技术转移与技术合作，消除技术转移的障碍，Trips 协议主要从三个
方面进行了具体规定：即发达国家向最不发达国家转移技术的义务、发达
国家与发展中国家进行技术合作的义务和对利用知识产权限制竞争行为的
控制。发展中国家亦可以利用上述规定，寻求促进低碳技术转移与利用
之策。

一、发达国家向最不发达国家转移技术的义务

Trips 协议第 66 条第 2 款规定：发达国家应鼓励其领土内的企业和组
织，促进和鼓励向最不发达国家成员转让技术，以使这些成员创立一个良
好和可行的技术基础。该款赋予了发达国家一个明确的义务，即采取激励
措施鼓励本国企业或机构向最不发达国家转移技术。该义务主要包括三层
的含义：

第一，该义务是一个具有法律约束力的义务。Trips 协议第 7 条仅是从
知识产权保护的目的角度讲了各缔约方应该促进技术转移，但该条显然没
有法律的执行力，也没有给发达国家设定转移其技术的义务。而 Trips 协
议第 66 条第 2 款则用明确的法律条款确立了发达国家向最不发达国家转移

---

❶ UNCTAD – ICTSD：Resource Book on TRIPs and Development ［M］. Cambridge University Press，
2005：126.

技术的义务，发达国家有责任履行其义务。

第二，该义务是发达国家针对最不发达国家的义务。Trips 协议并没有明确规定发达国家针对其他发展中国家转移技术的义务，而仅仅针对最不发达国家规定了发达国家转移技术的义务。Trips 协议之所以如此规定，主要是因为最不发达国家与其他发展中国家相比，其经济基础与技术能力更加薄弱，更加需要发达国家技术上的援助。在气候变化背景下，考虑到有的易受环境影响的发展中国家并不是最不发达国家，这些国家更需要应对和适应气候变化的技术，因此，在世界贸易组织框架内，至少这些国家亦需要发达国家的技术援助。

第三，该义务的履行方式是发达国家向其境内的企业或机构提供激励措施，以激励这些企业或机构向最不发达国家转移技术。值得注意的是，Trips 协议第 66 条第 2 款为发达国家设立的向发展中国家转移技术的义务是一种通过间接方式履行的义务，即由发达国家政府制定政策或提供资助，以激励其国内企业向发展中国家转移技术。这种间接方式的技术转移，与直接方式的技术转移不同。直接方式的技术转移，是指由发达国家政府通过研发或购买获取技术然后向发展中国家转移该技术。显然，直接方式的技术转移更有利于最不发达国家获得技术，也更有利于发达国家履行其转移技术的义务。但是，由于直接方式的技术转移会使发达国家承担的责任更大、更直接，而这显然不是发达国家的愿望，因此，最终 Trips 协议才采用了间接方式的技术转移。

由于 Trips 协议第 66 条第 2 款采取的是间接方式的技术转移，并且该款规定的发达国家的义务仍然比较笼统，因此，发达国家对履行该义务的具体形式以及履行该义务的程度拥有很大的自由裁量空间。而发达国家自觉地、主动地、积极地履行其向最不发达国家转移技术的义务，显然是不太现实的。为此，2001 年召开的世界贸易组织多哈部长会议的一个决议又再次重申了 Trips 协议第 66 条第 2 款是强制性条款，发达国家必须履行向最不发达国家转移技术的义务。同时，该决议还要求 Trips 理事会制定相关机制以监督和确保该义务的时限。另外，该决议还要求发达国家在 2002 年年底之前提交详细报告，汇报其依照 Trips 协议第 66 条第 2 款所采取的激励国内企业向发展中国家转移技术的措施。❶ Trips 理事会根据多哈部长会议的决定，Trips 理事会于 2003 年 2 月 19 日作出了《实施 Trips 协议第 66 条第 2 款的决定》。❷

　　Trips 理事会的决定主要包括三个方面的内容：一是规定了发达国家的报告义务。发达国家应该每年提交一份年度报告，以汇报其为履行 Trips 协议第 66 条第 2 款所规定的义务而采取的行动或措施。为此目的，发达国家应该每三年提交一份全新的详细报告，在其他年份则可以提交以最近详细报告为基础的更新报告。二是规定了对发达国家报告的审查程序。发达国家的报告在每年年底 Trips 理事会的会议上将被审查。在审查会议上，缔约方有机会对报告的信息提出问题并有权要求获得进一步的信息，或者对发达国家所采取措施的有效性进行讨论。三是规定了发达国家报告的具体内容。在对相关商业秘密进行保护的前提下，发达国家所提交的报告应该包括如下信息：发达国家履行义务的措施概览，如特别的立法、政策或法规；所采取激励措施的种类，实施该激励措施的政府机构或其他承担单位；有资格获取激励的企业或其他机构；有助激励措施发挥效用的信息，如使用该激励措施的企业或其他机构的统计数据及相关信息，相关企业或机构转移技术的种类，技术转移的方式，相关企业或机构转移技术的目标国以及该激励措施在多大程度上是针对最不发达国家的，有助于评估相关激励措施的效果的信息，等等。

　　Trips 理事会要求发达国家提交年度报告的做法，比较有效地促进了发达国家对其转移技术义务的履行。目前，发达国家提交给 Trips 理事会的相关报告已达 256 份，各个发达国家基本上能够比较详细地汇报其促进技术转移的做法。❸ 在 21 世纪初，由于公共健康问题日益受到国际社会的重视，所以发达国家所采取的激励措施主要偏向于医药技术领域；而最近几

---

❶　Art. 11 of Implementation – related issues and concerns, Decision of 14 November 2001, WT/MIN (01) /17. http：//www. wto. org/english/thewto＿ e/minist＿ e/min01＿ e/mindecl＿ implementation＿ e. htm.

❷　IMPLEMENTATION OF ARTICLE 66. 2 OF THE TRIPS AGREEMENT, Decision of the Council for TRIPS of 19 February 2003, IP/C/28.

❸　发达国家提交的年度报告可以在 WTO 网站上搜索，本文相关数字的截至 2011 年 8 月 9 日。http：//www. wto. org/english/tratop＿ e/trips＿ e/techtransfer＿ e. htm.

年，气候变化问题日益引起国际社会的关注，发达国家已经将技术转移的
重点向低碳技术或应对与适应气候变化技术领域转变。以美国所提交的
2010 年年度报告为例，该报告即首先汇报了与气候变化有关的技术转移的
激励措施，之后才是与健康有关的技术转移激励措施。❶ 由此可见，美国
政府对低碳技术转移的重视。

二、发达国家与发展中国家进行技术与资金合作的义务

为了促进发达国家与发展中国家在知识产权保护问题上的技术与资金
合作，Trips 协议第 67 条规定："为促进本协议的实施，发达国家成员应发
展中国家成员和最不发达国家成员的请求，并按双方同意的条款和条件，
应提供有利于发展中国家成员和最不发达国家成员的技术和资金合作。此
种合作应包括帮助制定有关知识产权保护和实施以及防止其被滥用的法律
和法规，还应包括支持设立或加强与这些事项有关的国内机关和机构，包
括人员培训。"

由于发达国家的知识产权保护实践与经验远远超出发展中国家，发
展中国家为了有效而适合国情地实施 Trips 协议就必须借鉴发达国家的相
关经验，而发达国家在发展中国家实施 Trips 协议过程中必然受益匪浅，
因此，Trips 协议要求发达国家向发展中国家提供技术与资金合作理所当
然。发达国家技术与资金合作义务的主要内容包括以下几点：第一，合
作的对象不仅包括最不发达国家，而且还包括其他发展中国家，这一点
有别于发达国家的技术转移义务。第二，虽然 Trips 协议第 67 条没有给
发达国家规定强制性的合作规则或方式，但是，发达国家有义务在发展
中国家提出合作请求后善意地与发展中国家确定合作的条款和条件，并
在以后的合作过程中按照双方商定的条款与条件进行合作。第三，合作
的性质是"技术与资金"合作，即发达国家与发展中国家既可以在技术
问题上进行合作，也可以在资金问题上进行合作，还可以在技术和资金

---

❶ UNITED STATES: REPORT ON THE IMPLEMENTATION OF ARTICLE 66. 2 OF THE TRIPS
AGREEMENT, IP/C/W/551/Add. 5, 25 October 2010.

两个方面进行合作。选择何种形式，主要取决于发展中国家的要求和发达国家与发展中国家协商的结果。第四，合作的内容亦由合作双方协商确定。Trips 协议第 67 条列举出了一些可能的内容：有关知识产权保护与实施的法律、法规的准备工作；有关防止知识产权滥用的法律、法规的准备工作；支持设立或加强与这些事项有关的国内机关和机构，以及人员培训等。

Trips 协议第 67 条主要涉及发展中国家知识产权制度建设与实施方面的技术与资金合作，较少涉及具体技术领域的技术转移与援助，发展中国家虽然难以直接从该条规定中获得立竿见影的技术转移效果，但是，需要指出的是，该条规定对于发展中国家获取发达国家的先进技术和增强自身技术创新能力却具有长远的和潜移默化的作用。发展中国家应该充分利用 Trips 协议第 67 条所提供的技术与资金合作机制，充分借鉴和吸收发达国家的知识产权保护与实施的经验和做法，特别是应该认真参考发达国家有关技术转移转化的成功经验，改善和健全本国的技术转移和技术成果转化的相关制度。同时，考虑到发达国家为了应对气候变化，已经或即将设立大量的低碳技术创新与利用的资金机制或技术机制，而这些与气候变化有关的资金机制或技术机制很多是向发展中国家开放的。发展中国家为了有效地利用发达国家提供的与气候变化有关的资金机制或技术机制，有必要通过 Trips 协议第 67 条所规定的合作制度以了解和掌握发达国家的与气候变化有关的资金机制或技术机制，并加以利用，以促进和加强本国应对气候变化工作。

三、对限制竞争行为的控制

知识产权的行使有可能妨碍技术转移，构成对市场竞争的限制。为了促进技术转移，防止知识产权权利人滥用知识产权限制市场竞争，Trips 协议主要从两个方面对限制竞争行为进行控制：

第一，Trips 协议第 8 条第 2 款从原则上对限制竞争行为进行了规范。Trips 协议第 8 条第 2 款规定：在与本协议规定保持一致的情况下，缔约方可以采取适当措施，以防止知识产权权利持有人滥用知识产权或采取不合理地限制贸易或对国际技术转让造成不利影响的做法。

第二，Trips 协议第 40 条分别从实体上和程序上两个方面对限制竞争行为进行了具体规制。Trips 协议第 40 条第 1 款首先明确了各缔约方的共识，即限制竞争的知识产权许可活动或条件有可能对贸易产生不利影响，并会妨碍技术的转移和传播。第 2 款则进一步明确，Trips 协议的任何规定均不得阻碍各成员在其立法中明确规定在特定情况下可构成对知识产权的滥用并对相关市场中的竞争产生不利影响的许可活动或条件，缔约方在与本协议的其他规定相一致的情况下还可以采取适当措施防止或控制该类许可活动或条件。质言之，如果缔约方在其反垄断法或竞争法中将某些知识产权滥用行为规定为垄断行为或限制竞争行为，并对之加以禁止或控制，其他缔约方不得利用 Trips 协议的规定对该缔约方的法律或实践进行挑战。另外，第 2 款还列举了有可能构成限制竞争行为的三种许可条件：排他性返授条件、禁止对知识产权提出质疑的条件和强制性一揽子许可。当然，可能构成限制竞争行为的许可条件不止于上述三种，Trips 协议仅是列出了常见的这三种，缔约方还可以根据本国的实际情况规范其他的限制竞争行为。第 3 款和第 4 款则规定了缔约方对限制竞争行为进行规范的国际合作程序。根据第 3 款的规定，如果一缔约方发现另一缔约方的国民或居民在知识产权许可协议中有限制竞争行为并违反了前者的竞争法律，那么前者可以提出要求与后者对此问题进行协商，后者应对前者的磋商请求给予充分和积极的考虑，并提供充分的机会，并在受其国内法约束和与前者就保障其机密信息达成相互满意的协议的前提下，通过提供与所涉事项有关的、可公开获得的非机密信息和前者可获得的其他信息进行合作。第 4 款则规定，如一缔约方国民或居民在另一缔约方境内因其知识产权许可协议中有限制竞争行为而被起诉，那么前者亦可以比照第 3 款的规定，与后者进行磋商和合作。

由于在某些低碳技术领域内，其知识产权集中度较高，更容易发生限制竞争问题。例如，在煤层气勘探开发领域的全球专利申请中，33% 由排名前五位的 CDX、BP、埃克森美孚、哈里伯顿、斯伦贝谢拥有；在风能等大部分低碳技术领域，少数发达国家跨国公司拥有半数以上的专利，中小企业在各领域只占 5% ~ 10% 的份额。此外，这些握有相关专利的垄断公司基于各种因素的考虑，对发展中国家授予的低碳技术专利许可非常有限。❶ 因此，发展中国家有必要充分利用 Trips 协议的相关规定，防止和减少低碳领域的限制问题的发生，以促进低碳技术转移。

---

❶ 张天放. 低碳发展须应对知识产权制约 ［N］. 石油商报，2011 – 02 – 14.

第五章

气候谈判中有关知识产权问题的

各种立场

　　在联合国气候谈判中，由于不同国家的国情不同、关键利益与考量重点的差异，各国在知识产权问题上具有不同的谈判的立场。总体来说，在知识产权问题上，各方可以分为两个主要阵营：一是发达国家阵营。由于它们拥有全球绝大多数低碳技术及产品的知识产权，因此，从保护其经济利益出发，它们主张维持现行国际知识产权保护制度不变，并坚决反对降低国际知识产权保护水平。二是发展中国家阵营。发展中国家拥有的低碳技术及产品的知识产权相对较少，资金相对匮乏，而所肩负的减缓和适应气候变化的任务又非常繁重，亟需有效适用的低碳技术，因此，它们普遍希望能够降低知识产权保护的水准，消除获得低碳技术的知识产权障碍，以促进低碳技术转移。当然，由于发展中国家阵营内部的各个国家的发展水平差异较大，需求亦不同，所以，不同类型的发展中国家对知识产权保护问题亦有一定分歧。另外，一些国际组织及研究机构也提出了有关气候变化知识产权问题的观点和立场，分析和借鉴他们的观点亦对应对气候变化挑战具有积极意义。

第一节

发达国家的立场

　　对发达国家来说，知识产权问题已经在其他国际框架（如世界贸易组织、世界知识产权组织）内得到了比较令其满意的解决，发达国家的知识产权在世界范围内已经获得了比较有效的保护，而联合国气候谈判从本质上讲是要协商各个国家如何为全球气候变化问题贡献其力量或作出一定的牺牲，所以大多数发达国家在联合国气候谈判中基本上对知识产权问题闭口不谈。例如，德国在 2010 年提交的《第五次国家信息通报》共有 298 页，但没有一处涉及知识产权问题或专利问题。德国政府履行其在《联合国气候变化框架公约》下的向发展中国家转移低碳技术的方式主要是委托或资助国内企业帮助发展中国家节能减排。如自2004年开始德国发展银行在德国政府的委托下对中国的6家火力发电站提供了3800万欧元的援助用于发电机组效率的提升，以较少温室气体排放。该项目所涉及的技术转让是脱硫技术和资源利用与燃烧过程的优化测量设备。该项目的实施，即相当于德国政府资助中国企业从德国企业购买相关技术或产品以用于中国的节能减排。这种形式虽然也是发达国家履行其技术转移义务的一种途径，但是，如果没有相应长效机制的保障，发达国家的技术转移义务就有可能因为没有监督而不能得到充分的履行，甚至逐渐流于形式。❶ 又如欧盟在其《第五次国家信息通报》中也没有一处提及知识产权问题或专利问题。

美国政府在其《第五次国家信息通报》中声称，在所有《联合国气候变化框架公约》成员国均为减缓气候变化都作出努力的前提下，美国愿意提供资金援助和促进低碳技术转移，为所有发达国家到2012年每年的援助总金额达到300亿美元和到2020年每年的援助总金额达到1000亿美元贡献自己的力量。另外，在2010年财政年度，美国政府用于资助与气候变化有关的双边或多边项目的预算较2009年提高了30%。同时，美国还确认美国有义务帮助其他国家应对气候变化，并且在尊重知识产权的前提下，加速在清洁能源、减排和适应气候变化方面对其他国家提供帮助。❷ 另外，该报告在阐释与气候变化有关的政府部门的作用时还提到了美国专利商标局，并认为该局的作用是保护知识产权以促进低碳技术创新。由此可见，美国政府在履行其转移技术与资金援助的义务时考虑的重点主要有以下三个方面：第一，受援助国在应对气候变化方面的努力；第二，对其低碳技术的知识产权给予保护；第三，其他发达国家也应作出相应贡献。因此，在气候变化语境下，美国在知识产权问题上的立场是将其作为技术转移与资金援助的

---

❶ Fifth National Report of the Government of the Federal Republic of Germany (Fifth National Communication), Report under the Kyoto Protocol to the United Nations Framework Convention on Climate Change. p. 225.

❷ U. S. Climate Action Report 2010, Fifth National Communication of the United States of America Under the United Nations Framework Convention on Climate Change. p. 7.

一个重要考虑因素，并借此谋求对低碳技术提供知识产权保护水平。

日本在技术转移与资金援助问题上与美国相类似，日本《第五次国家信息通报》通过援引日本前首相鸠山由纪夫在 2009 年 9 月 22 日联合国气候变化峰会上的讲话阐明了日本在问题上的立场：第一，发达国家应该在气候变化问题上向发展中国家提供实质的、新的和额外的公共与私人援助；第二，应该建立健全相关制度，以使发展中国家的减排成果，特别是获得资金资助的减排成果，以可测量、可报告、可验证的方式获得国际社会的承认；第三，应该考虑以一种可预测的方式对资金援助机制进行改革，同时，还需要建立一个提供信息并与双边或多边基金进行对接的系统；第四，应该建立一个保障知识产权的框架，以促进低碳技术转移。❶ 由此可见，日本亦是将知识产权保护问题作为向发展中国家提供援助的一个重要考虑因素。

英国作为世界上建立知识产权制度最早的国家之一，对知识产权保护与技术转移之间的关系研究比较透彻。早在 2002 年，英国知识产权委员会发布的《知识产权与发展政策的整合》报告即指出："即使加强知识产权保护导致了高新技术的进口，实现了某项技术向发展中国家的转移，但是也不能保障发展中国家就有能力消化吸收该技术并在此基础上提高创新能力。这样技术转移就可能是不可持续的。相反，在历史上，我们还发现，有些国家对知识产权实行较低水平的保护，以此为手段获得国外技术，并通过反向工程对之进一步研发，以加强本地的创新能力。而 Trips 协议的实施限制了发展中国家依照上述路径获得技术的能力。"❷ 正是因为英国政府很早就意识到了高强度的知识产权保护有可能会阻碍技术的国际转移，因此，在应对气候变化问题上，英国也比较重视知识产权问题。英国为了履行其技术转移和资金援助义务，在 2006 年即与印度合作开展了一项有关低碳技术转移障碍的研究，并且已经完成了第一阶段的研究，目前正在开展第二阶段研究，该阶段研究主要涉及三个方面问题：一是低碳技术转移的税收壁垒及其发展；二是包括有助于消除知识产权障碍的政策发展的相

❶ Japan's Fifth National Communication Under the United Nations Framework Convention on Climate Change, Jan. 2010, p. 38.

❷ UK Commission on Intellectual Property: *Integrating Intellectual Property Rights and Development Policy*, 2002, p. 28.

关知识产权问题研究；三是有助于促进发达国家与发展中国家合作研发与利用的技术机制及建议。❶

英国政府资助的上述英印合作研究项目主要由英国苏塞克斯大学（University of Sussex）承担，根据该大学的一份研究报告：技术转移仅是发展中国家低碳技术创新过程中的一个组成部分，不能将技术转移与本地创新分离出来单独进行讨论。在很多情况下，技术转移与本地创新起到了相互补充的作用。知识产权保护对不同领域的低碳技术创新所产生的阻碍作用并不均等。研究中有很多案例显示，知识产权保护并未完全阻碍印度或中国企业获取低碳技术。但是，知识产权保护有可能减缓这些企业商业性获取低碳技术的速度，特别是在获取尖端技术的情况下，知识产权保护的这种减缓作用更加明显。例如，印度和中国虽然能够已较合理的价格通过技术许可、合资企业或者收购等形式获取国际先进的风电和光伏发电技术，但是由于某些尖端低碳技术（如用于清洁火电站的燃气涡轮机技术）掌握在极少数几家跨国公司手中，发展中国家很难通过技术转移的方式获得这些尖端技术。❷

英国虽然与印度合作对知识产权与低碳技术转移问题进行了深入研究，但是由于该问题的复杂性并关切到其自身利益，所以，英国尚未对气候变化中的知识产权问题表明自己的立场。

第二节

发展中国家的立场

知识产权保护对气候变化与技术转让影响的问题，在联合国气候谈判

---

❶ The UK's Fifth National Communication under the United Nations Framework Convention On Climate Change，by Department of Energy and Climate Change，p. 104.

❷ Jim Watson and others：Low Carbon Technology Transfer：Lessons from India and China.

初期并未引起发展中国家的重视。但是，随着谈判的深入，特别是随着世界上大多数国家或地区加入世界贸易组织，开始承担 Trips 协议所规定的保护知识产权的国际义务，以及受到多哈回合知识产权与公共健康问题谈判的影响，发展中国家，尤其是发展中大国逐渐认识到知识产权问题在联合国气候谈判中的重要意义。在气候谈判过程中，发展中国家提出了很多涉及知识产权问题的观点和建议。

　　阿根廷政府认为，为了促进减排和适应技术的研发与转让，应该立即建立适当的并顾及到知识产权问题的技术开发、利用、传播和转让国际合作机制。同时，阿根廷政府还认为，加强特定环保技术开发、交流的合作机制，特别是通过国际合作加速发达国家的技术向发展中国家传播与转让，有助于有效地解决缔约成员之间有关知识产权的纠纷。马来西亚政府考虑到发展中国家需要向专利技术的权利人支付使用费，以及开发新技术的资金需求，建议通过多边气候技术基金（Multilateral Climate Technology Fund）对专利技术的转让和新技术的开发提供资金支持。哥伦比亚政府建议收取高碳专利技术利润的 5%，作为多边气候技术基金来源的一部分。古巴政府认为环保技术的交流与转让能够显著地增强发展中国家应对气候变化的能力，知识产权对国际技术交流与转让的影响应该加以认真评估，并应在国际社会建立技术转让机制时考虑知识产权问题。印度政府认为国际社会应进一步认识到发展中国家获得先进环保技术的紧迫性和消除技术转让与贸易障碍必要性，同时强调知识产权制度的运转方式应该有利于环境友好技术的开发，并有助于促进向发展中国家传播和转让这些环境技术。❶

　　委内瑞拉在 2011 年提交给气候变化大会的意见比较系统地阐述了该国对知识产权问题的立场。委内瑞拉建议：为了实现减缓气候变化目标的实现，气候变化公约缔约国在实施或解释知识产权及相关知识产权条约时，应该避免以限制或阻碍缔约方采取减缓气候变化的手段的方式进行。为了消除与知识产权有关的应对气候变化的障碍，委内瑞拉建议采取包括如下

---

❶　Views regarding the work programme of the Ad Hoc Working Group on Long – term Cooperative Action under the Convention.

手段的措施：（1）建立全球性的有助于减缓气候变化的产品与技术池；（2）充分利用包括强制许可在内的《与贸易有关的知识产权协议》的灵活性机制；（3）对有助于减缓气候变化的产品和技术在发达国家和发展中国家之间实行不同的定价策略；（4）对现存的知识产权法律法规进行审查，以便消除对低碳技术研发和转移有限制或阻碍作用的规定；（5）为了促进低碳技术的合作研发，创新和健全知识产权共享的制度安排；（6）限制或减少低碳技术的专利保护期限。另外，委内瑞拉还要求发达国家采取切实措施，确保按照有利于促进发展中国家减缓气候变化行动的方式对知识产权进行解释和保护。❶

作为最不发达国家的孟加拉国政府认为，应该免除最不发达国家对节能减排和气候适应技术进行专利保护的国际义务，以促进最不发达国家自身发展能力的提升。同时，对包括动物和植物品种胚质在内的遗传资源也不应被授予专利，因为这些遗传资源对农业发展至关重要。另外，最不发达国家赞比亚政府亦认为，在气候谈判中，应该考虑到包括知识产权在内的能够限制技术利用与传播的障碍，并确保发达国家向发展中国家的技术转让在可测量、可报告、可验证的原则下进行。❷

"小岛国联盟"由43个地势低平、位于大洋中的小岛国组成，由于担心全球变暖趋势加剧，导致海平面进一步上升，海洋风暴肆虐，给这些国家的经济和居民的生命财产带来灭顶之灾，强烈主张尽快开展全球范围的温室气体减排，甚至要求像中国和印度这样的发展中排放大国也必须进行大幅减排。由于该集团成员无需承担任何减排义务，并希望获得发达国家提供的气候适应资金，因此，坚决支持达成国际气候协议。❸因为气候变化问题事关小岛屿国家的生死存亡，它们在气候变化谈判中比较少地考虑其他发展中国家的经济社会发展问题，所以，对于气候变化中的知识产权

---

❶ Views on the elaboration of market – based mechanisms, Submissions from Parties, 21 March 2011, FCCC/AWGLCA/2011/MISC. 2. p. 88.

❷ Views regarding the work programme of the Ad Hoc Working Group on Long – term Cooperative Action under the Convention.

❸ 何一鸣，原萍. 联合国气候谈判中的国家利益驱动［J］. 中国海洋大学学报：社会科学版，2010（4）.

问题，这些国家基本上没有给予关注。

我国亦提出了自己的观点，认为为了应对气候变化的挑战，当前的知识产权制度并不能满足促进环境友好技术的研发、转移和利用（D&T&D）的客观需要。为了克服知识产权这种垄断权利所可能产生的负面影响，应该在落实《联合国气候变化框架公约》过程中，将环境友好技术的强制许可和其他特殊法律规制问题考虑在内。同时，还应创建新的知识产权共享机制，以促进环境友好技术的合作与研发。应该探索采取特殊的手段、步骤和模式，确保发达国家通过公共资金研发的环境友好技术处于公共领域，并确保发展中国家可以较优惠的条件获得这些技术。❶

第三节

长期工作组的建议

在 2009 年联合国哥本哈根气候变化大会前夕，公约长期合作行动特别工作组（AD HOC working group on long – term cooperative action under the convention，AWGLCA）在充分考虑发展中国家和发达国家意见的基础上，为气候大会准备了协商文本。该协商文本特别考虑到了发展中国家有关知识产权问题的诉求，并提供了三个备选项。❷

第一个备选项是只对知识产权问题作原则声明。协商文本第 187 条建议，技术的研发、传播和转让应通过知识产权制度的运转得到提升。在技

---

❶　Sec. 4 （d） of China's Views on The Fulfillment of the Bali Action Plan and the Components of the Agreed Outcome to be Adopted by the Conference of the Parties at its 15th Session. Source：http：//unfccc. int/files/kyoto_ protocol/application/pdf/china060209. pdf.

❷　Revised negotiating text of AD HOC working group on long – term cooperative action under the convention，fccc/awglca/2009/inf. 1.

术转让过程中，知识产权制度的灵活性应该以促进环境友好技术传播的方式获得体现。其中，尤其应该考虑强制许可对于便利向发展中国家传播、转让技术的作用。同时，还应向最不发达国家资助全部的环保技术购买费用；在考虑到其他发展中国家支付能力的前提下，向其资助部分技术购买费用。另外，公约缔约方还应加强合作，开发和提供专利共享模式下的或不受知识产权保护的可再生能源技术和提高能源效率的技术。

第二个备选项则设计了具体的避免知识产权成为技术转让障碍的制度。协议文本第 188 条建议采取以下措施，以避免知识产权成为发达国家向发展中国家转让技术的障碍：（1）允许对环境友好技术颁发强制许可，或者将发达国家所拥有的环境友好技术排除在专利保护范围之外；（2）建立公共资助技术成果数据库，并使之能够以可接受的价格为公众所使用；或者建立"全球环境变化技术池"（Global Technology Pool for Climate Change），以促进和确保发展中国家获得环境友好技术（包括免费的专利技术、技术诀窍和商业秘密），同时亦能提供更好的技术信息服务并降低交易成本；（3）遵循 Trips 协议与公共健康多哈宣言所确立的先例，全面审查现存的知识产权规则，以消除有关限制温室气体排放的障碍；为合作研发的环境友好技术提供更有效率的知识产权分享机制；在发达国家和发展中国家实行区别定价；缩短环境友好技术的专利保护期；充分利用包括强制许可制度在内的 Trips 协议灵活性机制；在适当的场合，如 WTO 多哈回合谈判，通过一个知识产权与环境友好技术宣言，以进一步确认 Trips 协议的灵活性机制，并通过实施这些灵活性措施改善发展中国家获得环保技术的法律环境。

第三个备选项规定于协议文本第 189 条之中，是一个更为激进的建议。其具体内容包括如下几个方面：（1）缔约方同意，对任何知识产权国际条约的解释和实施，都不得限制和禁止缔约方采取的适应或消减气候变化影响的措施，尤其不得限制或禁止相关技术的研发、转让或获取；（2）在发展中国家将适应或消减气候变化影响的环境友好技术排除在专利保护范围之外，尤其是那些获得发达国家或国际机构资助的环境友好技术不应获得专利保护；（3）采取措施，将在发展中国家已经获得的适应或消减气候变化影响的环境友好技术专利无效掉；（4）尽快建立包括商业秘密和技术诀窍在内的环境友好技术池，并使之能够为发展中国家免费接触；（5）最不发达国家或易受环境变化影响的脆弱国家为了提高自身的发展能力，可以不对环境友好技术提供专利保护；基因资源以及对农业有至关重要影响的动植物品种，亦不应提供专利保护。

第四节

世界知识产权组织的意见

对于气候变化中的知识产权问题，世界知识产权组织（WIPO）在其发表的一篇名为《气候变化与知识产权制度：挑战、抉择与解决方法》❶的文件。该文件尽管声明文件中的相关内容是世界知识产权组织非正式的咨询性意见，并不代表世界知识产权组织对气候变化知识产权问题的官方观点，但由于世界知识产权组织在气候变化知识产权问题上的相对中立性和专业性，因此可以从该文件中管窥世界知识产权组织对气候变化知识产权问题的主要观点，对于在联合国气候谈判中合理解决知识产权问题亦具有重要参考意义。世界知识产权组织《气候变化与知识产权制度：挑战、抉择与解决方法》主要从专利政策、专利授权前制度、专利授权后制度、专利与技术转移、其他知识产权等五个方面分析了知识产权与气候变化之间的关系。

世界知识产权组织认为从专利政策角度来讲，专利制度的实质在于平衡，即在尊重新技术开发者的私人利益与鼓励新技术公开和推广利用的公

---

❶ WIPO, Climate Change and Intellectual Property System: What Challenges, What Options, What Solutions? available at http: //www. wipo. int/export/sites/www/policy/en/climate_ change/pdf/summary_ ip_ climate. pdf, 2013－11－15.

共利益之间进行最优的政策选择和平衡。专利制度达到理想的平衡状态，是一个复杂的过程，因为私人利益与公共利益有时是存在冲突的。因此，专利制度需要不断的完善和认真的管理，以确保专利制度的实践能够达到预期的目的。为了实现专利制度的公益目的，公开透明是专利制度的基本原则之一；同时，得益于信息技术的发展和世界各国提供的公开信息的增长，专利制度公开透明原则和专利信息的利用越来越重要。专利信息为人们掌握世界技术发展动态提供了一个重要的观察窗口。专利分析能够提供从风力发电技术到抗沙漠化技术等新兴关键技术领域的发展概览，披露这些技术领域的领先者和参与者，显示公共部门与私人企业、发达国家与发展中国家、跨国公司与中小企业在这些技术领域中的不同利益，勾画主要的能源公司在可再生能源领域的投资趋势，等等，从而为政策制定者提供参考。

关于授权前专利制度方面，有观点认为为了应对气候变化挑战，应该将某些环境友好技术（climate – friendly technologies）排除在可专利主题之外，以确保这些技术能够自由获取和传播。世界知识产权组织认为该观点直接触及兼具激励私人创新和公共政策职能的专利制度的核心问题。因此，尽管该观点可能会引起强烈的反对意见，很难付诸实践，但世界知识产权组织认为该观点有助于人们认真思考专利制度政策功能的某些关键问题。例如：什么样的激励措施才能促进人们真正投入资源从事具有公益性但却高风险的实用技术研发；在多种多样的且不可完全预测的有关气候减缓和适应的技术领域，需要建立什么样的路径和制度，才能实现有效的新技术向公共利用转化的最大化？在专利审查前挑选环境友好技术，其政策和实践影响都有哪些；在专利审查时，技术对环境的实质影响是否可以被全面地、有效地准确评估；将环境友好技术挑选出来进行消极的或积极的差别对待，对专利制度的制度影响是什么，其中是否有法律问题需要考量？

世界知识产权组织认为除了上述问题外，专利授权前制度还应考虑如何提高专利质量问题。即被授权的专利应该是真正符合专利制度原则的发明创造，该发明创造应该具有新颖性、创造性，并有益于社会，不得违背社会公共利益。例如那些一旦商业化即违反社会公德或损害公共利益的发明创造，不能被授予专利。具体到气候变化问题上，那些对环境的危害远大于其积极作用的技术，就应排除在专利授权范围之外。为了提高专利授权质量，特别是为了确保有关气候变化技术发明的授权专利质量，且在不进行大的法律制度变革和条约谈判的前提下，世界知识产权组织提出如下具体建议：一是各国专利局应该加强专利检索和审查方面的合作，以便其授权专利尽量符合专利法所确定的原则与思想；二是在特定的或具有公共利益的技术领域，采取类似于"维基"模式向公众公开专利审查资料，这样既有利于公众了解相关技术信息，也有利于公众向专利局提供相关的现有技术，以有利于专利局进行专利检索和审查；三是在与气候变化有关的关键技术领域建立专门的现有技术数据库或其他技术支撑机制，以方便这些领域专利申请的检索和审查。

关于授权后专利制度，世界知识产权组织认为可以具体分为三个方面：一是与气候减缓和适应有关的专利的自愿许可与管理策略。此方面的主要问题有：什么样的专利许可结构和管理策略，如交叉许可、人道主义许可、专利池或将创新过程中无形资产有机融合在一起的其他许可结构，有助于促进气候变化技术的传播和应用；上述专利许可机构和管理策略应如何根据下列不同的主体而设计和应用：公共机构和政府部门，主要受财政资金资助的单位（如教育和研究机构），不同发展阶段的国家的单位和企业。二是专利法中为了保护公共利益而特别规定的专利权例外制度。特别是应该保留和健全何种专利权例外制度，以允许或促进下列行为：商业化之前的或非商业性的研究，如独立地测试燃料电池专利技术的可用性；为了获得行政许可而必须完成的步骤，例如为了获得在盐碱地生产高产基因工程的粮食作物的许可而在田间试验中使用他人的专利技术。三是限制专利权排他性影响的行政干预措施。例如：为了确保公平的市场竞争环境而颁发强制许可；为了公共利益目的而进行的政府使用或强制许可。对气候变化技术专利进行行政干预，无疑与某些其他技术领域一样，会引起激励的争论，例如在国际法中，上述行政干预的法律根据是什么；在国内法中，进行行政干预的适当法律标准和保障措施是什么；在实践中，制度和公共利益对上述行政干预的需求的时间节点是什么时候，进行行政干预的门槛是什么，当进行行政干预时应进行哪些必要的评估。

　　关于专利与技术转移问题，世界知识产权组织认为：第一，专利的单纯存在本身并非技术转移的障碍。实际上专利原则上应有助于技术的扩散和应用，而非阻碍技术的转移。同样，专利的存在本身也并不能保障技术能够以所有有益的方式被充分地利用。专利技术是否能被转移和有益利用，在很大程度上依赖于专利的排他性权利是如何被利用的，专利权是在哪里有效、在哪里无效的以及专利是否与其他资源被恰当地组合在一起形成适当的技术转移的载体。第二，在某个国家没有专利权，这一事实本身并非技术转移的保障。在这种情况下，最好的前景是人们可以免费地使用专利文件中所披露的技术信息，但是通常也会缺少合作伙伴和技术原创者的参与，同时，与有效利用上述专利技术有关的背景技术和技术秘密也很难被转移到该国家。第三，如果有效利用专利法的公开透明制度，可以有力地推动技术转移。利用专利信息，可以在技术转移方面提供如下帮助：分析技术发展趋势，新的技术研发者，新技术研发的地域变化以及公共和私人领域的参与程度等；避免重复研发，并在已有技术基础上实现技术跨越或其他形式的渐进式发展；起草和完善技术转移协议，协议不仅应包括专利本身的许可或转让事项，还应包括相关技术改进、技术秘密和其他相关技术的有关安排等。第四，挑选专利并非技术转移本身，专利被用于大量的技术转移形式之中，并且专利的作用依赖于相关技术的有效转移是否有如下需要：核心技术的研发和扩散是否需要市场激励机制；是否需要获取其他相关技术的手段，以便使不同来源的相关技术形成一个有机组合；公共机构对其利用财政资金所研发的新技术是否应该拥有一定的市场利益；为了新技术研发是否需要建立专门的企业；是否需要一个广泛的开放的许可架构以促进基础技术或实用技术的扩散；是否需要交叉许可机制或专利池安排，以便利不同的技术研发者和使用者利用他人的技术；是否需要专利技术与非专利技术或资源进行打包组合；等等。

　　世界知识产权组织认为，虽然专利在应对气候变化挑战过程中占据主要地位，但是其他知识产权，如商标、商业秘密、反不正当竞争、传统知识、未公开信息等亦对应对气候变化挑战具有重要影响，也应引起有关方面的重视。例如：证明商标、集体商标、地理标识等都受到知识产权法保护，而随着气候变化问题的日益严重和人们对该问题关心的加重，与"低碳"或"减缓"行为有关的标识越来越多，公众可以根据这些标识调整自己的日常采购行为，进而使普通民众也能积极参与到应对气候变化挑战的过程之中来。因此，公众需要可靠的标识以确保他们所购买的低碳产品或环境友好产品符合他们的环保预期。当产品或服务符合认证机构所设定的标准时，产品或服务就可以使用相关证明商标，所以，证明商标可以很好地实现上述标识功能。

世界知识产权组织由于其本身的协调功能和中立地位，因此，其有关气候变化知识产权问题的意见基本上是开发式或启发式的，并未给出明确结论。但由于世界知识产权组织在知识产权领域的专业性和权威性，我们应该充分借鉴和考虑世界知识产权组织所提出的问题和思路，思考和设计适合我国国情的应对气候变化的知识产权法律制度和气候谈判的相关策略。

第六章

低碳路径下的知识产权制度
构建与完善

发达国家承担向发展中国家转移低碳技术的国际法责任，既是其历史道义的一种履行方式，更是一个具有法律约束力的国家责任。促进低碳技术转移，除了有必要在国际知识产权法律框架内对作为私权的低碳知识产权进行合理限制之外，发达国家与发展中国家还应该共同创新技术转移的方式、方法。比如，发达国家可以采用国家收购的方式，获取中小企业的低碳专利技术，然后向发展中国家颁发许可或免费提供；又如，发达国家在加大低碳技术科研资金投入力度的同时，可以与科研单位或研发人员在签订资助协议时写明研发者向发展中国家推广该研发成果的责任与方式。另外，发展中国家也应该注重能力培养和制度创新，以有效地获取和利用发达国家的低碳技术。在很多情况下，可能正是由于发展中国家本身的制度缺失或缺陷，阻碍了低碳技术转移。比如，我们是否可以考虑对全球低碳技术进行全面检索和分析，并以此为基础构建发展中国家的低碳技术研发平台；是否可以建立许可承诺登记制度，以从制度上保障专利权人与使用者之间的利益；是否应对专利说明书著作权问题进行明确，等等。

第一节

受公共基金资助的低碳技术的知识产权保护与分享

一、公共基金资助的低碳技术国际转移

近年来，很多发达国家和发展中大国对低碳技术研发提供了大量的政府资金或其他公共资金资助。例如，2009 年针对美国气候变化科学计划的预算为 20 亿美元，比 2008 年增加 10%。英国政府在 2008～2009 年度科学

预算中，决定为自然环境研究委员会拨款 3.92 亿英镑，比上一个年度增长5.38%。2008 年，日本政府在气候变化领域投入经费 128.89 亿日元，约占环境领域的 50%。韩国政府决定拨款 340 亿韩元进行温室气体减排相关研究，并投资 3906 亿韩元用于实施《应对气候变化公约研发综合对策（2006—2010）》计划。中国已建立了相对稳定的政府资金渠道，"十五"期间，通过攻关计划、"863 计划"和"973 计划"等国家科技计划投入应对气候变化科技经费逾 25 亿元；截至 2007 年底，"十一五"国家科技计划（2006—2010）已安排节能减排和气候变化科技经费逾 70 亿元。❶

发达国家和发展中大国之所以提供巨额公共资金支持低碳技术研发，主要原因有三：第一，应对气候变化挑战，迫切需要低碳技术。有无高效、实用的减缓和适应气候变化的技术，是能否成功应对气候变化挑战的关键性因素。过去人类科技发展更注重生产力和生产效率的提高，对低碳技术研发长期忽视，而现在为了应对气候变化挑战，则必须加大对低碳技术研发的投资，以弥补历史欠账。第二，低碳技术具有公益性质，理应成为公共资金资助的重点。尤其是很多低碳技术本身并不能产生经济价值或者尚处于理论研究阶段，追求利润的私人资金自然不愿意投入或者不愿意进行大量投入，这样就需要作为公众利益代表的政府投入公共资金，促进相关低碳技术的研发。第三，增加低碳技术研发的投入，是发达国家履行其国际法责任的一种形式。无论是《联合国气候变化框架公约》，还是《京都议定书》，均对发达国家的技术研发与转移问题做出了明确的规定，因此，发达国家理应投入公共资金用于低碳技术研发。

由于公共资金，特别是政府的财政资金，其本身并非来源于某个私人，而是来源于社会公众，因此，这些资金的使用就应以全体民众的福利为目的，而不能仅仅使某些个人受益。本着"谁投资谁受益"原则，受公共资金资助的研究项目的科研成果原则上就应该由代表公众的国家拥有。但是，公共资助项目的研究工作与普通的购买公共产品的行为又有所区别。比如政府使用财政资金在河道两侧修筑河堤，那么该河堤属于政府所有，从而就能保障河道两侧人民的利益。而科学研究成果的产生，不仅需

---

❶ 赵刚. 科技应对气候变化：国际经验与中国对策［J］. 中国科技财富，2010（9）.

要资金的投入，而且还需要科研人员的创造性劳动。为了保护科研人员的创造积极性，一些国家（比如我国）的专利法甚至还规定：对委托完成的发明创造，除非委托人与受托人之间另有协议，那么该发明创造的专利申请权属于完成发明创造的人，即受托人或科研人员。❶ 同时，由于受公共基金资助的科研项目的科研成果本身表现为技术方案或技术信息，如果法律仅仅简单地规定这些技术方案或技术信息属于国家所有，那么这些科研成果很可能就会被束之高阁，进而失去资助的意义。所以，国家在资助科研项目时，除了要关心该科研项目是否能够获得预期的科研成果之外，还应该考虑该科研成果是否具有实际的用途，是否可以应用到产业之中，促进经济社会的发展。研究表明，承担科研项目的承担者或研发者最有优势和积极性利用其科研成果。

在 1980 年美国通过拜杜法之前，美国资助给研究单位的研究成果，几乎都倾向于归属政府所有，且以免费或非专属方式授权让民众使用；或直接放弃权利，纳入公共所有（public domain）。但是由于这些研究成果商业化的数量很低，有人称之为变成"由死者掌握"（dead hand control），这样的结果往往导致很多研究成果被搁置在政府布满灰尘的书架上无人问津。❷ 因此，如果法律简单地将公共资金资助项目的科研成果归属于国家，可能并不利于科研成果的利用，也可能并不利于民生的改进。美国正是考虑了这个问题，所以在 1980 年通过了著名的拜杜法，对受政府资助的研究成果的知识产权归属问题做出了明确规定。根据拜杜法的规定，受财政资金资助的科研项目研究成果的知识产权归属于受资助者，受资助者可以将其科研成果以专有或非专有的方式转移给产业界。拜杜法的通过，极大地推动了科研单位或大学科研成果的转化。其他国家，如日本、英国、南非、巴西等也都相继效仿美国拜杜法，建立了相应的制度。我国 2007 年修改的《科技进步法》第 20 条亦参考了拜杜法的相关规定。

在当前各国对低碳技术研发日益加大公共财政投入力度的背景下，对

❶ 现行《中华人民共和国专利法》第 8 条。
❷ 杨智杰. 从学术共享精神检讨政府资助大学研究成果之专利政策：反省美国拜杜法的理论与经验 [D]. 2008 年台湾"科技法律"研讨会论文集，第 638 页。中国科学院研究生院唐素琴. 美国拜杜法的立法争议及影响 [D]. 中国科学院研究生院博士学位论文，2011：56.

这些利用公共资金所获得的低碳技术成果的知识产权问题也引起了国际社会的关注。笔者认为，为了促进低碳技术转移，国际社会对这些利用公共资金所获的低碳技术应该建立专门的知识产权归属与利用制度。第一，对利用公共资金所获得的低碳技术，其申请专利的权利可以比照美国的拜杜法规定，归属于受资助者，专利权获得授权后，其专利权属于受资助者。第二，对全部或主要是利用公共资金所获得的低碳技术，如果受资助者未就该技术申请专利，那么受资助者应该将该技术信息以适当的方式向产业界公开，公开的内容应该具体、全面、完整；但是如果低碳技术研发的费用仅有小部分来自公共资金，那么对此类低碳技术不应要求必须公开。第三，对利用公共资金所获得的低碳技术，如果受资助者就此技术申请了专利，那么受资助者应该在申请专利时向专利局声明该技术的研发获得了公共资金资助，并且在获得授权后不拒绝第三人使用该专利技术，专利使用费的数额可以由双方当事人协商，如协商不成，则由专利局、仲裁机构或法院按照公平合理的原则裁决。第四，对发达国家国民全部或主要利用本国或本地区（如欧盟）的公共资金所获得的低碳技术，如果受资助者在发展中国家申请了专利，那么受资助者亦应在申请专利时向发展中国家专利局声明该技术的研发获得了公共资金资助，并且在授权后不拒绝第三人使用该专利技术，且专利使用费的数额应远低于发达国家相同主题的专利使用费。

考虑各国的知识产权法立法的实际情况，同时也为了便于操作，建议各国特别是发达国家在利用公共资金资助低碳技术研发项目之初就与受资助者签订具有上述内容的资助协议，另外还应明确受资助者不履行上述义务的法律责任，以确保受资助者替代发达国家认真履行转移低碳技术的义务。

二、我国财政资金资助的低碳技术转移的特有问题

在我国，社会公共资金对科技研发支持力度尚较小，我国科技研发经费主要来源于国家财政资金资助。近年来，我国科技研发经费亦呈快速增长之势。根据国家统计局《2011 年全国科技经费投入统计公报》，2011 年

我国共投入研究与试验发展（R&D）经费 8687 亿元，其中财政科研经费就达 4902.6 亿元，财政科研经费占全国研发经费总额的 56.4%，企业自己支付的科研经费占全国研发经费总额的 43.6%。在国家财政科研经费支出中，有相当一部分用于低碳技术研发。大量科技研发投入，产生了大量的低碳技术知识产权。同时，由于我国财政科研经费主要支持科研事业单位和高等学校的科技研发，因此，我国相当一部分低碳技术知识产权为我国科研事业单位和高等学校所持有。而如何有效转化和利用科研事业单位和高等学校的低碳技术，是有效应对气候变化挑战的一个重要问题。但是，由于我国目前的科研事业单位和高等学校知识产权处置管理模式相对落后，已经成为科研事业单位转移转化低碳技术知识产权的重大体制障碍，亟需破除。

（一）我国科研事业单位知识产权管理模式

目前我国既没有合理的事业单位国有财产的权属理论，也未在实践上建立起合理的事业单位国有财产的权属制度。国家对科研事业单位财产所享有的权利，是国家对科研事业单位以各种形式出资所形成的权益，还是该财产为国家所有但仅为科研事业单位占有、使用的财产？如果是前者，那么科研事业单位作为法人将对国家出资财产享有所有权，而国家仅享有出资者权利；如果是后者，科研事业单位的财产仍未国家所有，而科研事业单位作为法人仅对该财产享有占有、使用的权利。对这一根本问题，我们无论是在理论上，还是在实践中，均未得到根本的解决。

《事业单位登记管理暂行条例》第 2 条规定事业单位，"是指国家为了社会公益目的，由国家机关举办或者其他组织利用国有资产举办的，从事教育、科技、文化、卫生等活动的社会服务组织"。但该条例并未明确规定国家配置给事业单位国有资产的权属或性质问题。

《教育法》第 31 条规定："学校及其他教育机构具备法人条件的，自批准设立或者登记注册之日起取得法人资格。学校及其他教育机构在民事活动中依法享有民事权利，承担民事责任。学校及其他教育机构中的国有资产属于国家所有。"《高等教育法》第 38 条规定："高等学校对举办者提供的财产、国家财政性资助、受捐赠财产依法自主管理和使用。高等学校不得将用于教学和科学研究活动的财产挪作他用。"《高等教育法》第63条规定："国家对高等学校进口图书资料、教学科研设备以及校办产业实行优惠政策。高等学校所办产业或者转让知识产权以及其他科学技术成果获得的收益，用于高等学校办学。"由此可见，高等学校对国家配置给其的国有资产只享有管理权和使用权，该国有资产似乎仍然属于国家直接所有；而高等学校对国家财政性资助、受捐助所得财产以及通过运用上述财产所获得其他财产，是否享有所有权，法律则没有进行明确规定，因此，对这部分财产的权属问题，尚存争议。当然，这些规定仅是对高等学校而言的，而由于我们目前并无科研事业单位组织法，所以很难从法律这一层次对科研事业单位财产属性进行讨论。

在法律缺失的情况下，财政部通过部门规章对事业单位国有财产权属性质进行了界定。财政部《事业单位国有资产管理暂行办法》第3条规定："本办法所称的事业单位国有资产，是指事业单位占有、使用的，依法确认为国家所有，能以货币计量的各种经济资源的总称，即事业单位的国有（公共）财产。事业单位国有资产包括国家拨给事业单位的资产，事业单位按照国家规定运用国有资产组织收入形成的资产，以及接受捐赠和其他经法律确认为国家所有的资产，其表现形式为流动资产、固定资产、无形资产和对外投资等。"第5条规定："事业单位国有资产实行国家统一所有，政府分级监管，单位占有、使用的管理体制。"由此可见，根据财政部的暂行办法，不仅国家配置给事业单位的国有资产应属国家直接所有，而且事业单位受捐助的和通过运营所获得的财产也均属国家直接所有，事业单位对这些财产仅享有占有、使用之权。

客观地讲，财政部《事业单位国有资产管理暂行办法》对事业单位财产性质的定位，是比较符合我国客观实际的，同时也对加强事业单位财产的管理，防止国有资产流失起到了重要作用。但是，财政部的暂行办法也有一些问题。比如：根据该办法，事业单位受捐助的财产亦属于国家直接所有的国有资产，似乎并非出于大多数捐助者的本意；事业单位是法人，《民法通则》第36条规定法人是具有民事权利能力和民事行为能力，依法独立享有民事权利和承担民事义务的组织，但如果事业单位没有任何独立的财产，那么事业单位又用什么来承担民事责任呢？

因此，关于事业单位财产性质问题，无论是从理论上，还是在实践上，均有待于进一步探讨和完善。

（二）我国《科学技术进步法》（以下简称《科技进步法》）第 20 条与《合同法》的关系

《科技进步法》第 20 条第 1 款规定："利用财政性资金设立的科学技术基金项目或者科学技术计划项目所形成的发明专利权、计算机软件著作权、集成电路布图设计专有权和植物新品种权，除涉及国家安全、国家利益和重大社会公共利益的外，授权项目承担者依法取得。"由于发明专利权、计算机软件著作权、集成电路布图设计专有权和植物新品种权显然属于所有权，因此，根据该款的字面意思，事业单位对于其承担的财政性项目所形成的知识产权应享有所有权。同时，国家知识产权局颁发的专利权证书上亦将事业单位作为专利权人。而根据财政部《事业单位国有资产管理暂行办法》的规定，对于事业单位所获得的知识产权应属于国家直接所有，事业单位只有占有、使用权，因而，财政部门代表国家对事业单位知识产权的处置享有最终的审批权。所以，财政部《事业单位国有资产管理暂行办法》可能与《科技进步法》存在一定的矛盾和冲突。当然，是否存在矛盾和冲突以及应如何处理，需要有关单位作出决定。

之所以存在上述矛盾和冲突，与我国尚未形成合理的事业单位国有资产理论有关，也与财政部在建立相关国有资产管理制度时仅考虑防止国有资产流失有关。国家之所以设立事业单位，主要是为了完成特定的具有社会公共利益的事业；国家之所以配置给事业单位国有资产，也主要是为了事业单位具有完成特定事业的物质基础。因此，财政部门加强对事业单位国有资产的控制，防止国有资产流失，确实能够在一定程度上保障事业单位顺利完成其特定的事业目标。但是，还需要注意的是，事业单位在完成其事业目标过程中，不仅只与国家或国有单位联系，而且还会作为法人与其他民事主体发生联系。事业单位在与其他平等民事主体交易过程中，由于必然要涉及对事业单位所占有国有资产的处置问题，那么就必然会涉及事业单位对该国有资产是拥有所有权、还是仅有占有使用权问题。因为对这一问题的不同回答，会涉及事业单位与其他民事主体所形成的合同的效力问题。

如果事业单位对其国有资产仅享有占有使用权，而无所有权，那么事业单位通过合同处分其所占有的资产的行为就可以分为两种情况：一是事业单位以自己名义与其他民事主体签订合同处分国有资产。如果该处分行为未获得国家有关部门（比如财政部）的事先同意，那么事业单位的行为属于无权处分。在此情况下，如果事业单位在事后获得了国家有关部门的同意，则根据《合同法》第51条规定，该合同有效。如果事业单位在事后也未获得国家有关部门的同意，那么根据司法解释的规定，合同相对人在满足一定条件下，可以作为善意第三人受让该国有资产；如果事业单位因未取得所有权或者处分权致使标的物所有权不能转移，合同相对人则可以要求事业单位承担违约责任或者要求解除合同并主张损害赔偿。二是事业单位以国家（或作为国有资产所有权代表的政府、财政部门）的名义与其他民事主体签订合同处分国有资产。在这种情况下，如果事业单位获得了国家的代理权，那么该合同有效，为国家与合同相对人的民事合同；如果事业单位未获得代理权，则应按照无权代理处理。

如果事业单位对其所占有的国有资产享有所有权，那么事业单位与其他民事主体签订的资产处置合同就属于有权处分。当然，在这种情况下，并不排除事业单位在处置其资产时需要审批或登记。《合同法》第44条规定：依法成立的合同，自成立时生效。法律、行政法规规定应当办理批准、登记等手续生效的，依照其规定。由此，如果法律、行政法规规定事业单位处置其资产时需要审批或登记，而事业单位未履行这些手续，那么事业单位与其他民事主体签订的资产处置合同就不能生效。而由于我国尚无法律、行政法规对事业单位处置其资产问题做出明确规定，因此，事业单位未报批而处置其资产则不会导致处置合同的无效。财政部虽然规定事业单位处置资产需要报批，但由于财政部的规定仅为部门规章，而不是法律或行政法规，因此，事业单位违反财政部规章不报批而处置其资产，仅会导致行政法意义上的法律后果，但是并不会影响处置合同的法律效力。

（三）科研事业单位知识产权与有形财产的区别

其实，由于事业单位要完成其特定事业目标，必须具备相应的物质基础，因此，事业单位对其所占有的有形资产（如土地、房屋、仪器、设备等）无论是拥有所有权，还是仅享有占有使用权，国家都应该对事业单位处置这些有形资产进行严格管理，事业单位在处置前，都应进行较为繁杂的批准程序，以有效避免国有资产流失。但由于事业单位的知识产权与其有形资产存在本质差别，因此国家在设计事业单位知识产权管理制度时，就应考虑到事业单位知识产权处置的特殊性，对知识产权与有形资产进行区别对待。事业单位知识产权与其有形资产的区别主要表现在以下几个方面。

第一，知识产权与有形财产的来源不同。科研事业单位的有形财产，大部分是国家根据事业单位的性质而由国家配置的，也就是说事业单位的大部分有形财产来自国家；而事业单位的知识产权，则绝大部分是由事业单位的干部职工创造的，属于单位的职务发明创造。因此，让事业单位对其知识产权拥有所有权或更大、更灵活的处置权，符合我们一般的财产法理念。

第二，知识产权与有形财产的价值实现方式不同。事业单位的有形财产，是事业单位完成其事业目标的物质基础，其本身的存在，如土地、房屋、仪器、设备的存在，就能够自动地帮助事业单位完成其事业目标，进而实现其应有的使用价值。因此，一般而言，国家对事业单位设置的有形财产管理制度越严格、越严密，就越能防止事业单位有形财产的流失。相应地，也就越能确保事业单位完成其事业目标。但是，对知识产权而言，由于事业单位本身并不具备生产、制造或市场经营能力，因此，事业单位的知识产权只能以许可使用、转让、作价投资等形式实现其市场价值。所以，事业单位仅仅确保其知识产权有效存在，并无助于其事业目标的实现。事业单位只有积极而灵活地利用或处置其知识产权，才能从知识产权之中获得经济回报，才能反哺其事业的发展；反之，事业单位的知识产权就是一堆废纸，甚至是负资产（因为还要按期缴纳专利年费）。

第三，知识产权与有形财产的价格形成机制不同。有形财产权的价格能够进行比较准确的评估，并且其价格在一定时期内能够保持基本不变；而知识产权的价格则不能被准确评估，同样一件专利被不同的人评估可以相差几百倍甚至几千倍，并且知识产权的价格针对不同的人和不同的时期都有可能发生巨大改变。因此，业界通常把知识产权称为一种诉讼中的权利，知识产权价值主要体现在市场谈判和诉讼之中。如果国家对事业单位处置知识产权设定复杂的审批机制，那么就会使科研事业单位不能掌握处置知识产权的有利时机，有可能使科研单位丧失处置知识产权的最佳时机。事业单位的知识产权在合适的时机本来可以卖到一个高价，但由于复杂审批机制的延拓而仅能低价卖出甚至无人问津，这种结果本身实际上也是国有资产的一种流失。

特别是在涉及低碳技术利用和应对气候变化公共危机的问题上，如果仅仅因为法律制度与体制问题就使科研单位和高等学校低碳知识产权束之高阁、搁置不用，显然既不符合我国财政资金资助科研研发的根本目标，更与我国在气候变化谈判中有关知识产权问题的立场背道而驰。因此，无论从哪个方面而言，我国均应尽快打破阻滞科研单位和高等学校转化低碳科技成果的体制性障碍，促进其低碳知识产权向市场转移，从而增强我国减缓和适应气候变化的能力。

（四）相关对策建议

第一，给予科研事业单位对其知识产权灵活处置的权利，并对科研单位转化低碳知识产权给予特别的优惠措施。目前我国正在修订《促进科技成果转化法》。2013 年 12 月 30 日，国务院法制办对科技部《中华人民共和国促进科技成果转化法（修订草案送审稿)》公开征求意见。该修订草案送审稿第 10 条规定："利用财政性资金设立的科研机构、高等学校对其依法取得的科技成果，可以自主决定转让、许可和投资，通过协议定价、在技术市场挂牌交易等方式确定价格。科研机构、高等学校科技成果转让、投资后，应当报主管部门和财政部门备案。"第 11 条规定："利用财政性资金设立的科研机构、高等学校转让科技成果，或者转让利用科技成果作价投资形成的股份、出资比例所取得的收益，在对职务科技成果完成人和为科技成果转化作出重要贡献的人员给予奖励后，留归单位用于科学技术研究开发与成果转化工作。"草案的上述规定实际上是对我国《科技进步法》第 20 条的进一步具体化，符合我国具体国情，对于进一步增强我国科研单位和高等学校转化科技成果具有重要意义。同时，为了进一步促进我国科研单位和高等学校转移转化低碳技术，建议《促进科技成果转化法》增加相关的鼓励条款，例如可对科研单位和高等学校转移转化低碳技术给予特别的财政支持措施和税收优惠措施。

第二，加强对事业单位国有资产性质与管理理论的研究。目前，我国事业单位国有资产的管理和处置问题，特别是事业单位知识产权的管理和处置问题，不仅在实践上、制度上存在混乱现象，同时在理论上也模糊不清。例如，财政部规定事业单位国有资产实行"国家统一所有"，事业单位享有占有、使用权，那么按照上述规定，事业单位房屋、知识产权的权属证书的所有者均应登记为"国家""国务院"或"财政部"，但现实却是这些证书均将事业单位登记为所有者。之所以出现上述混乱现象，主要原因就是我国没有清晰的事业单位国有资产性质与管理的理论，我国亟需加强这方面的研究。当然，该研究不应仅仅局限于气候变化和知识产权方面的研究，而是一种范围更广的研究。

第二节

欧洲绿色专利分类方法的借鉴意义

为了促进低碳技术创新，避免重复研究，便利科研工作者和技术使用者快速查询和定位现有的低碳专利技术信息，欧洲专利局在 2010 年 6 月启用了绿色专利分类方法。欧洲专利局的绿色专利分类方法是在不改变专利分类体系的前提下，对属于减缓气候变化和适应气候变化的技术，无论其属于现有专利分类下的哪一个领域，均为其增加一个特别分类号 Y02，表示其属于绿色专利技术。根据欧洲专利局的定义，分类号 Y02 表示减缓或适应气候变化的技术（Technologies or Applications for Mitigation or Adaptation Against Climate Change）。Y02 分类下又设两个分类 Y02C 和 Y02E，其中

Y02C 是温室气体捕捉、存储、分离与处理技术（Capture，Storage，Seques-tration or Disposal of Greenhouse Gases），Y02E 是与能源生产、传递和分布有关的减少温室气体排放的技术（Reduction of Greenhouse Gases［GHG］Emis-sion，Related to Energy Generation，Transmission or Distribution）。

Y02C 下设两个大组 Y02C10 和 Y02C20，其中，Y02C10 是二氧化碳捕捉与存储技术，Y02C20 是除二氧化碳之外的温室气体的捕捉与处理技术。Y02C10 下设七个小组，分别为：生物分离碳捕捉技术（Y02C10/02）；化学分离碳捕捉技术（Y02C10/04）；吸收法碳捕捉技术（Y02C10/06）；吸附法碳捕捉技术（Y02C10/08）；过滤/扩散法碳捕捉技术（Y02C10/10）；精馏/冷凝法碳捕捉技术（Y02C10/12）；地下与海底碳存储技术（Y02C10/14）。Y02C20 下设三个小组，分别为：氧化亚氮捕捉与处理技术（Y02C20/10）；甲烷捕捉与处理技术（Y02C20/20）；全氟碳化物［PFC］与氢氟碳化物［HFC］捕捉与处理技术（Y02C20/30）。

Y02E 下设七个大组 Y02E10—Y02E70，其中，Y02E10 是可再生能源生产技术；Y02E20 是具有减排前景的燃烧技术；Y02E30 是核电技术；Y02E40 是高效发电、输电和电力分布技术；Y02E50 是非化石燃料生产技术；Y02E60 是可以间接降低温室气体排放的技术；Y02E70 是其他降低温室气体排放的能量转换或管理技术。可再生能源生产技术分类的 Y02E10又被分为：地热能技术、水利能源技术、海洋能源技术、太阳热能技术、光伏能源技术、热能与光伏电力混合技术、风能技术等七类。Y02E20 分为联合燃烧技术和高效燃烧与热量利用技术。Y02E30 分为核聚变反应堆技术和核裂变反应堆技术。Y02E40 分为可变交流电传输技术、活性滤波技术、电力补偿技术、降低谐波技术、多相电网的非对称消除技术、超导设备或部件、电力系统的高效管理与操作技术。Y02E50 分为生物燃料技术和废物燃料技术。Y02E60 分为能量储存技术、氢技术、燃料电池技术。❶

为了促进低碳技术信息的传播和共享，世界知识产权组织（WIPO）

---

❶　EPO，Search the European classification. http：//worldwide. espacenet. com/eclasrch？classifi-cation = ecla&locale = en_ EP&ECLA = y02.

从另一条路径对国际专利分类体系进行了完善。世界知识产权组织的做法是由国际专利分类专家委员会制定一份专门的"国际专利分类绿色清单"（IPC Green Inventory），该清单将《联合国气候变化框架公约》所界定的环境友好技术与国际专利分类相挂钩。❶ 由于环境友好技术分散在国际专利分类表中的多个技术领域，不便于用户检索，而"国际专利分类绿色清单"则实现了此类技术的整合。该清单依据《联合国气候变化框架公约》所列技术词语制定，共涉及约 200 个与环境友好技术直接相关的主题。世界知识产权组织对每一主题都列出了由专家选定的与其最相关的国际专利分类位置。清单中的环境友好技术呈等级结构分布，点击技术领域上方的" ＋ "号便可获得进一步细分的该领域相关技术。当然，需要注意的是，每一类环境友好技术主题通常都不能与国际专利分类位置完全对应，因此，该技术只是相对应国际专利分类位置的一个子集。❷ 这是在通过该清单在检索专利时需要注意的。

无论是欧洲专利局的绿色专利分类，还是世界知识产权组织的国际专利分类绿色清单，其目的均是使低碳技术的研究者和使用者快速而准确地定位和检索低碳专利技术信息。发展中国家在应对气候变化挑战，研发或使用低碳技术时，应该注意到欧洲专利局和世界知识产权组织的专利分类体系的相关变化，从以下几个方面对欧洲专利局和世界知识产权组织的相关做法进行借鉴：第一，应该在低碳技术研究和使用过程中，充分利用欧洲专利局的绿色专利分类体系和世界知识产权组织的国际专利分类绿色清单，尽可能全面而准确地从欧洲专利局和世界知识产权组织检索到相关的低碳专利技术信息，以供发展中国家有针对性地使用。第二，发展中大国，如中国、印度、巴西等国，也应该参考欧洲专利局的做法，对本国的专利申请标注绿色技术分类号，这样就能够使用户快速而准确地查询到本国的低碳技术专利。第三，在联合国气候谈判框架内，发展中国家应该与发达国家努力合作推动对国际专利分类进行补充的工作，在国际专利分类

---

❶ WIPO，IPC Green Inventory. http：//www. wipo. int/classifications/ipc/en/est/.

❷ 任晓玲. 世界知识产权组织推出"绿色"专利便捷检索工具［EB/OL］. http：//www. sipo. gov. cn/dtxx/gw/2010/201010/t20101008_ 539958. html.

的基础上制定全球通用的绿色技术分类体系，以便于发展中国家更加便利地检索主要发达国家的低碳专利技术信息。第四，发展中国家还可以在联合国气候谈判框架内积极主张建立全球低碳专利技术信息数据库，该数据库应全面、完整地收集全球所有国家（特别是发达国家）的低碳专利技术信息，并按照一定的数据格式进行存储，以便使用者能够对全球低碳技术专利信息进行快速而全面的检索。

第三节

比照公共健康问题的低碳技术专利强制许可

　　为了应对公共健康问题，解决发展中国家因为知识产权问题而导致的药品短缺问题，2001 年世界贸易组织部长会议对药品专利的强制许可问题做出了专门规定。❶ 为了落实 2001 年部长会议精神，2003 年 WTO 总理事会通过了《关于实施多哈宣言第 6 条款的理事会决议》，❷ 之后又于 2005 年通过《修改〈与贸易有关的知识产权协定〉议定书》❸ 对 Trips 协议进行修订。在气候变化问题上，发展中国家亦应该参考公共健康问题的解决方案，充分利用 Trips 协议有关强制许可问题的灵活性安排，并参照 2005

---

❶ Paragraph 5 (d) of the Doha Declaration on the TRIPS Agreement and Public Health provides: "We recognize that WTO Members with insufficient or no manufacturing capacities in the pharmaceutical sector could face difficulties in making effective use of compulsory licensing under the TRIPS Agreement. We instruct the Council for TRIPS to find an expeditious solution to this problem and to report to the General Council before the end of 2002."

❷ Implementation of paragraph 6 of the Doha Declaration on the TRIPS Agreement and public health, Decision of the General Council of 30 August 2003, WT/L/540.

❸ PROTOCOL AMENDING THE TRIPS AGREEMENT, Decision the General Council of 6 December 2005, WT/L/641.

年《修改〈与贸易有关的知识产权协定〉议定书》争取在世界贸易组织框架内针对气候变化问题作出类似修改。

第一，如果气候变化问题确实导致了一个缔约方处于国家紧急状态或极端紧急情况，那么该缔约方显然可以利用 Trips 协议第 31 条的规定对有关低碳技术专利颁发强制许可，以允许相关产品的制造或进口。这一点对那些易受气候变化影响的小岛屿国家尤为重要，因为这些国家通常自身创新能力不强，但又急需适应气候变化的相关技术或产品，允许它们在紧急情况下对相关低碳技术专利颁发强制许可，意义重大。

第二，对专利权人相互联合实施垄断的行为，发展中国家应该果断通过颁发强制许可的方式破除非法垄断，促进市场竞争。特别是在低碳技术领域，发达国家已经基本完成在发展中国家的专利布局，并且关键低碳专利技术主要掌握在少数跨国公司手中，如果它们进行不恰当的商业合谋，那么就会严重扰乱市场自由竞争秩序，妨害全球应对气候变化的努力。为了规制这种垄断行为，颁发强制许可是一个行之有效的选项。在这个问题上，发展中国家尤其应该向发达国家学习。例如，德国最高法院在 2004 年 Standard Tight‑Head Drum 案中即明确，如果知识产权许可已经成为其他企业进入市场必不可少的条件，而专利权人的拒绝许可没有重大的合理性，那么即可以以专利权人限制竞争为由而对其专利权颁发强制许可。该案主要涉及德国化工行业的一个事实标准。德国化工行业的一些大企业共同提出要研发一种新的合成材料桶，以便能通畅地倒空桶内的残留物。后来有 4 家企业在研发这种产品中作过努力，其中一家企业的专利技术被选为生产这种合成材料桶的标准。因为这个企业的产品由此成为行业标准，其他企业生产的合成材料桶如果不符合这个标准，便在市场上卖不出去。根据该企业与提出订立行业标准的其他 3 家大企业的协议，拥有行业标准的企业有义务免费许可这 3 家企业使用其专利。其他企业如果要生产这种专利产品，则需要向权利人支付专利费。该案中的被告也是一家生产合成材料桶的企业，它向原告提出有偿使用专利的请求被拒绝后，生产和销售了这种专利产品。在这种情况下，专利权人便起诉被告，并请求法院判决被告支付损害赔偿。被告则反诉专利权人限制竞争，违反了德国的反对限制竞争法，请求法院强制许可其免费使用原告在事实上已成为行业标准的专利。案件最后提交给了德国最高法院，法院依据反对限制竞争法第 20 条第 1 款，认为在该案中的专利成为行业标准的情况下，权利人有义务许可竞争者使用其专利。❶ 既然发达国家可以对限制竞争行为适用强制许可，那么发展中国家在应对气候变化努力过程中对垄断行为适用强制许可，自然也不会有任何争议。

第三，应该在气候变化谈判和世界贸易组织谈判中对发达国家施加压力，要求将《修改〈与贸易有关的知识产权协定〉议定书》适用的技术领域范围由药品领域扩展至低碳技术领域。Trips 协议第 31 条规定强制许可生产的产品应主要用于国内市场，但是对许多发展中国家而言，尤其是那些易受环境影响的最不发达国家成员，它们即使利用强制许可制度许可本国的制造商生产适应或减缓气候变化的专利产品，但是本国的制造商也可能没有能力制造出这些低碳专利产品，这样它们还是要被迫购买由专利权人制造的高价产品，导致强制许可制度的目的不能实现。考虑到这一点，发展中国家应该比照公共健康问题的解决方案，要求对 Trips 协议进行适当修改，以使经强制许可而制造的低碳专利产品亦可以供应给适格的发展中国家。

第四节

低碳技术专利申请的加快审查制度

为了获取市场技术垄断地位，尽快收回其研发成本，发明创造者通常会在其发明创造获得专利授权之后才会将其专利产品在市场上投放。另

---

❶ 王晓晔. 知识产权强制许可中的反垄断法 [EB/OL]. [2011 - 08 - 01]. http://www. iolaw. org. cn/showarticle. asp？ id = 2166.

外，投资者为了确保其投资利益的稳定性，通常也是在发明创造获得专利授权之后才会决定购买某项专利。由此可见，专利授权时间的长短，对发明创造是否能够尽快投入实际使用具有重要影响。但是，由于各国专利局的专利审查人员有限，而近年来专利申请数量持续增加，发明专利从申请到获得授权通常需要三年左右时间，这样，就会导致大量发明创造迟迟不能得到利用。为了应对气候变化，促进低碳技术能够尽早应用于产业界，近年来一些发达国家开始对低碳技术专利申请采取优先审查政策，以使低碳技术尽可能早地获得专利授权。

英国知识产权局在 2009 年 5 月 12 日专门针对低碳专利申请推出了"绿色通道"（Green Channel）加快审查机制。❶ 根据英国知识产权局的规定，只要专利申请有利于环境保护并且申请人提出了加快审查的要求，那么英国知识产权局就会对该专利申请进行相应的加快审查。专利申请人在请求加快审查时需要说明其专利申请有益于环境保护的正当性理由。如果专利申请涉及太阳能或风能等明显的环保技术，那么申请人只需在申请中作出说明即可；而如果申请是涉及减少能源利用的高效制造工艺，那么申请人就需要详情说明该发明创造如何有益于环境保护。进入绿色通道的专利申请，能够大幅度降低专利授权时间。目前，英国专利授权的时间，从提交申请到获得授权，大约需要三年半的时间；而通过绿色通道，则只需要 9 个月就能获得授权。

美国专利商标局于 2006 年 8 月推出了"加速审查程序"（Accelerated Examination），凡纳入到该程序中的专利申请可以在 12 个月内获得授权。根据 2008 年美国专利商标局的规定，具有实质的改善环境质量的技术和能够发展和节约能源的技术，均可依照加速审查程序，获得优先审查。❷ 由于上述加速审查程序，并不是仅仅针对低碳技术的，而是面向所有领域的技术，且对申请加速审查的技术要求非常严格，不利于低碳技术专利申请人尽快获得专利授权，所以，2009 年美国专利商标局又出台了"绿色技术

---

❶　Green Channel for patent applications，http：//www. ipo. gov. uk/p － pn － green. htm.

❷　何隽. 从绿色技术到绿色专利——是否需要一套因应气候变化的特殊专利制度［J］. 知识产权，2010（1）.

（包括减少温室气体排放的技术）优先审查程序"（Pilot Program for Green Technologies Including Greenhouse Gas Reduction），专门针对绿色技术放宽了优先审查的条件。根据"优先审查程序"，只要是申请专利的技术属于可再生能源、高效利用和保护能源或减少温室气体排放的技术领域，那么申请人均可要求进行优先审查。●

对低碳技术专利申请进行加速审查或优先审查，对发展中国家来说是一把双刃剑。一方面，优先审查可以使发展中国家的低碳技术尽快获得专利授权，并投入产业应用，有利于气候变化问题的应对；另一方面，由于发展中国家所使用的低碳技术大部分来自发达国家，如果发达国家对其低碳技术优先审查、早期公开，而发展中国家仍然按正常程序进行审查，那么在发达国家公开其低碳专利技术之日至发展中国家对该低碳专利申请授权之前这一段时间，发展中国家就可以自由地使用发达国家的这些低碳技术。因此，在发达国家纷纷针对低碳技术建立加快审查制度之时，发展中国家并不宜盲目跟进。

作为发展中大国的我国，笔者认为我们应该采取如下策略：第一，目前我国不宜专门针对低碳技术建立专门的加快审查制度。我国知识产权局当前已经建立了一个加快审查程序，该程序限于以下专利申请：申请所涉及的发明对国家利益或公共利益有重大意义；在专利申请公开之后，他人实施其发明，对申请人的利益产生重大影响；涉及以申请发明作为无形资产投资的重要项目；对于承担国家重点科研项目（包括国家重大专项、武器装备研制项目、"863 计划" "973 计划"、国防基础科研项目、民用科研计划、军民两用计划及军转民高技术开发计划、国家自然基金等）过程中产生的职务发明。由于低碳技术对公共利益具有重大意义，所以，低碳发明创造可以纳入我国现有的加快审查程序之中。同时，我国现有的加快审查程序规定申请人必须是中国的企业或个人，因此，即使我国不建立专门的低碳专利申请快速审查制度，我国的企业或个人的重要的低碳专利申请也可以被加快审查。而如果我国建立了专门低碳专利申请快速审查机制，

● Pilot Program for Green Technologies Including Greenhouse Gas Reduction, Docket No. PTO – P – 2009 – 0038, http：//www. uspto. gov/web/offices/com/sol/og/2009/week52/TOC. htm#ref13.

那么受益的就会主要是外国人。第二，我国企业或个人在国外对低碳技术申请专利时，应该考虑是否利用外国的快速审查制度问题，以便尽早获得专利授权，迅速打开国外市场。第三，我国应该认真分析发达国家通过快速审查程序获得专利授权的低碳技术，并加以有效利用。由于发达国家低碳技术通过快速审查程序获得专利授权的时间通常只有几个月，而这些低碳技术即使在我国申请了专利，那么也要至少过 18 个月才能在我国公布，而在该低碳技术在国外获得专利授权并被公布之日至在我国公布之日这一段时间，我国企业或个人是可以免费进行商业性使用的；而外国的低碳专利申请在我国被公布之后至被授权，通常还需要经过 2 年的时间，在这 2 年的时间之内，我国企业或个人在支付合理费用的前提下，亦可以不经申请人许可而使用该低碳技术。

第五节

低碳技术专利费用资助

我国目前主要有三条专利费用资助途径。第一，在专利申请时，国家知识产权局对符合条件的个人或单位给予专利等费用的减缓。根据 2006 年国家知识产权局第 39 号令《专利费用减缓办法》，可以减缓的专利费用包括：申请费（其中公布印刷费、申请附加费不予减缓），发明专利申请审查费，自授予专利权当年起 3 年内的年费，发明专利申请维持费，复审费。如果中国公民或单位缴纳专利费用确有困难的，可以向专利局申请减缓缴纳上述专利费用。其中，申请人或者专利权人为个人的，可以请求减缓缴纳 85% 的申请费、发明专利申请审查费和年费及 80% 的发明专利申请维持费和复审费；申请人或者专利权人为单位的，可以请求减缓缴纳 70% 的申请费、发明专利申请审查费和年费及 60% 的发明专利申请维持费和复审费；两个或者两个以上的个人或者个人与单位共同申请专利的，可以请求减缓缴纳 70% 的申请费、发明专利申请审查费和年费及 60% 的发明专利申请维持费和复审费。

第二，地方政府的专利费用资助政策。为了促进当地的科技发展和专利申请与转化工作，全国大部分省、自治区、直辖市、计划单列市、副省级城市和部分地级市、县级市相继出台了本地的专利申请资助政策，对本辖区内的专利申请人给予专利费用上的资助。地方政府资助的专利费用范围不仅包括缴纳给专利局的申请费、审查费等"官费"，而且有的地方政府还对申请人缴纳给知识产权代理公司的代理费也给予资助，有的地方政府甚至对申请人转移转化专利时所产生的费用亦给予资助。例如，许昌市专利资助资金分为专利申请资助金、专利授权资助金和专利转化资助金，其中，专利转化资助金即用于资助该市范围内符合产业政策、技术含量高、发展前景好的专利转化项目。当然，各级、各地政府的专利资助政策不尽相同，有的甚至有一定的重叠、冲突之处。因此，2008 年国家知识产权局下发了国知发管字〔2008〕11 号文，即《关于专利申请资助的指导意见》，该意见对各地专利费用资助政策进行了一定程度的规范。

第三，向国外申请专利的资助政策。为了支持国内申请人积极向国外申请专利，保护我国的自主创新成果，我国于 2009 年通过《资助向国外申请专利专项资金管理暂行办法》，由中央财政设立资助向国外申请专利专项资金。该专项资金资助的对象是符合国家法律法规规定的国内中小企业、事业单位及科研机构。对于通过专利合作条约途径提出并以中国国家知识产权局为受理局的专利申请，如果符合下列条件，均可申请该专项资金资助：（1）有助于发挥我国产业优势，具备国际竞争力；（2）有望开拓国际市场或扩大国际市场份额；（3）专利技术产品预期在国际市场容量大、前景好；（4）有助于我国优势企业拥有核心技术；（5）有望构建专利池、参与国际技术标准制定；（6）符合国家知识产权战略需求导向，有助于提升自主创新能力。根据暂行办法的规定，每件专利项目最多支持向 5 个国家（地区）申请，资助金额为每个国家（地区）不超过 10 万元，但是，有重大创新的项目除外。

2010 年 10 年，国务院发布了《关于加快培育和发展战略性新兴产业的决定》。❶ 该决定明确列举了 7 类产业作为战略新兴产业要加快培育和优先发展，其中至少有 3 项产业即节能环保产业、新能源产业、新能源汽车产业，属于低碳产业。该决定规定要支持知识产权的创造和运用，强化知识产权的保护和管理，完善知识产权转移转化的利益保障和实现机制，加大对具有重大社会效益创新成果的奖励力度。为了促进我国战略性新兴产业的发展，鼓励低碳技术创新主体的创新积极性，保护我国低碳技术创新成果，同时考虑到低碳技术创新的公益属性，笔者建议在整合上述国家和地方政府专利费用资助政策的基础上，建立专门的低碳技术专利费用专项资金，以用于低碳技术专利申请、维持和转移转化的费用支出。

第六节
专利文献的著作权问题

专利技术信息在全球科技创新信息中占有重要地位。据世界知识产权组织统计，人类大约有 90% 的最新发明创造信息首先来源于专利信息。专利技术信息的披露，不仅可以提高人类技术存量水平，而且还可以促进二次技术创新，加快技术进步。发展中国家充分利用发达国家的低碳专利技术信息，并在此基础上进行二次创新，对发展中国家应对气候变化挑战具有重要意义。发明创造者为了就其发明创造获得专利保护，作为专利保护的对价，发明创造者应该将其发明创造向社会公开。发明创造者向社会公开其发明创造主要通过专利局进行。各国专利法通常规定专利申请提交 18

---

❶ 《国务院关于加快培育和发展战略性新兴产业的决定》，国发〔2010〕32 号，http：//www. gov. cn/zwgk/2010 – 10/18/content_ 1724848. htm.

个月后专利局即行公布该专利申请；专利局亦有准确、完整、及时发布专利信息的职责。

由于各国专利局公开专利文献是依照本国专利法的规定而为之，是一种履行法律职责的行为，所以，专利局公开专利文献或者向社会公众提供专利信息的行为自然不会涉及著作权问题。但是，由于专利申请文件是由专利申请人准备，且专利申请文件本身具有独创性，所以，其他人使用或者复制、传播专利申请文件，就有可能涉及著作权问题。

专利申请文件是否具有著作权，是一个具有争议的问题。根据我国《专利法》的规定，专利申请文件主要包括：申请书、说明书、权利要求书、摘要和附图。由于申请书是格式文件，故其著作权问题可以不予考虑；但说明书、权利要求书、摘要和附图，显然都有独创性和可复制性，那么根据著作权法的规定，这些文件在创作完成之后即应该享有著作权。但这些专利申请文件在经专利局公布之后，是否还应享有著作权，则见仁见智。

有学者认为专利申请文件自专利局公开之后，即不应再享有专利权，其理由有二：第一，从利于技术在世界范围内的传播方面考虑，各国均不应规定公开的专利说明书仍享有著作权，由专利说明书的作者来控制专利行政部门或者公众的使用。否则，不但要增加专利行政部门的额外负担，更严重的是阻碍科研人员获得技术信息，打扰专利说明书作者正常的工作，不利于其继续创新。第二，专利说明书经专利行政部门公开以后，就成为政府文件或官方文件的一部分。根据我国《著作权法》的规定，官方文件在我国不受著作权保护。❶

我国法院对专利说明书的著作权问题倾向于持肯定态度。在徐炎诉张颖一案中，原告徐炎于 2006 年 7 月 19 日对一种"由轻质材料组合单元填充的预应力混凝土现浇空心板"技术获得国家知识产权局授予的发明专利权。被告张颖于 2008 年 1 月 29 日向国家知识产权局就一种名称为"现浇轻质组合单元填充的预应力空心板"的实用新型提出专利申请，并获得专利授权。原告诉称被告的实用新型专利中关于技术特征的描述与其发明专

---

❶ 姚维红. 专利文献应该享有著作权吗？［N］. 中国知识产权报，2010 - 5 - 7.

利 90% 以上的文字相同，附图也与其发明专利附图基本相同。原告认为其专利说明书和附图是一种由文字和工程设计图、产品设计图等共同组成的作品，属于著作权法所保护对象，被告的行为已经构成侵权，因此诉诸法院，请求判令被告立即停止侵权，并赔偿损失。被告则抗辩称：原告专利为发明专利，而被告专利为实用新型专利，二者的专利说明书中所用文字部分不同，被告实用新型专利附图中描述的实用新型形状、结构及其组合形式也与原告发明专利附图不同，涉案实用新型专利说明书及附图并不构成对涉案发明专利说明书及附图的剽窃。同时，尽管被告在对其实用新型进行具体、客观地描述和说明时使用了与涉案发明专利说明部分相似的文字，那只是由两种专利属于相似的领域、专利说明书内容和格式的固定性、客观性所导致的。而涉案发明专利说明书及附图，是申请专利时行政部门要求申请人用相对固定的格式、必须具备的内容对专利进行的表述，是不带任何感情色彩的陈述，这种说明性的文字不能也不应体现作者主观方面的创造，是不具有"与众不同"的独创性的，其依附于专利权，不属于著作权法保护的作品范围。此外，即使专利说明书及附图属于著作权法所保护的作品，该作品的著作权人是属于专利权人，还是设计人、发明人或专利代理机构，没有明确的法律规定。而原告发明专利的专利权人是徐炎，发明人却是徐仁成，其著作权权属不明，因此原告对此涉案发明专利说明书不享有著作权。❶

北京市丰台区法院在审理后认为，原告专利说明书中对专利技术的客观描述部分有一定的独立意志，且该专利说明书有较大篇幅为作者对专利技术的主观评价，并非以固定格式对客观事物进行简单描述，具备一定的独创性；同时，对原告专利说明书的著作权保护并非限制他人对类似情况的表达，不会阻碍信息交流和科技发展。因此，原告创作的专利说明书属于我国著作权法意义上的作品，应给予著作权的保护。另外，法院还认为，被告的专利申请日在原告专利授权公告日后一年半，此时原告的专利说明书早已公开，被告的专利说明书中 92% 的部分与原告的专利说明书内容相同，已经构成抄袭。故法院判决被告构成对原告专利说明书著作

---

❶ 薛飞. 专利说明书能抄来抄去吗？[N]. 中国知识产权报，2010 – 8 – 4.

权的侵犯。❶

另外，河南省郑州市中级法院亦在王吉强诉河南烽火台计算机系统服务有限公司（简称"烽火台公司"）、河南网新信息技术有限公司（简称"网新公司"）案中认定专利说明书应该享有著作权。原告王吉强是"养肝保肾降脂茶"的发明专利权人，2008 年 5 月 14 日获得授权。被告烽火台公司是一家从事技术转让的"技术红娘"性质的公司。2007 年 8 月 8 日，被告烽火台公司和网新公司将王吉强专利摘要原文刊登在其共同创办的"中国创业信息网"上，并对外公告称付费 3000 元可学习该专利技术，并将该项专利的摘要、权利要求书、说明书及附图制成光盘公开出售。原告起诉被告专利侵权和著作权侵权。法院经审理后认为，烽火台公司、网新公司通过网站和刻录光盘行为传播王吉强的专利文献的行为，并未对王吉强独占实施其专利权构成影响。王吉强没有证据证明烽火台公司、网新公司帮助他人实施生产、销售专利产品的行为，因此烽火台公司、网新公司的行为没有侵犯王吉强的专利权。但对于涉案著作权部分，法院则认为，专利文献因不同作者撰写，其表达风格亦会不同，因此专利文献在表达方面能够体现作者独特的个性，具有独创性，它应当属于著作权法所保护的作品。烽火台公司、网新公司未经许可将王吉强专利文献制作成光盘予以销售，侵犯了王吉强对其专利文献享有的复制权、获得报酬权，故判决被告赔偿原告 2500 元。❷

笔者认为，为了确保专利信息特别是低碳专利技术信息的传播，促进科技进步和技术成果的利用与转化，虽然专利说明书、权利要求书等专利申请文件具有独创性和可复制性，在这些专利申请文件被专利局公开之前，应该享有与普通作品相同的著作权保护，但是，专利申请文件在被专利局公开之后，其著作权就应该受到一定的限制。这一观点不仅与专利制度的目的相吻合，而且还与大多数国家或地区的相关法律及实践相契合。例如，《澳大利亚专利法》第 226 条就特别规定：对已经公开的专利说明

---

❶ 薛飞. "专利说明书"一审认定有著作权 ［EB/OL］. http：//www. cipnews. com. cn/show Article. asp？Articleid = 17258.

❷ 李建伟，赵磊. 河南烽火台公司侵犯专利文献著作权被法院"灭火"［EB/OL］. http：//www. sipo. gov. cn/dfzz/henan/xxdt/hybd/200812/t20081212_ 429912. htm.

书进行平面复制，不构成著作权侵权。❶《新加坡专利法》规定：专利申请被公开后，专利局可以根据任何人的请求，为其复制专利申请有关文件，亦可以允许其查阅；专利或专利申请说明书的公开（the publication）不构成对说明书版权的侵犯。美国专利商标局网站亦提示：专利说明书作为授予发明人专利权的条款而将被公开（publish），被公开的专利说明书中的文字和附图不受版权限制；虽然申请人可以在外观设计、实用新型专利申请中，或者在附图中，加注版权标记或掩膜作品标记，但前提必须是在专利说明书的首段作出版权授权声明，允许他人复制该专利申请文件。中国台湾地区"智慧财产局"2000年第89600306号函亦认为：经审定公告之专利案，其审定书、说明书、图式、宣誓书及全部档案资料等，除专利专责机关依法应予保密者外，任何人均得于不违背该条文之立法意旨下利用之，且不因专利期限届满而受影响。由此可见，专利文献虽然可以享有著作权，但世界各国或地区基本上是允许社会公众复制或传播专利申请文献的。我国亦不妨借鉴其他国家或地区的相关做法，原则上规定专利文献享有著作权，但是对符合专利法目的的复制或传播专利文献的行为不作为著作权侵权处理。这样既能防止他人恶意利用专利文献损害专利权人的利益或公共利益，又可以使社会公众免费而快捷地获取和利用专利技术信息。

第七节
权利用尽与循环利用

我国《专利法》第69条第（1）项规定：专利产品或者依照专利方法

---

❶　Section 226 of Australia Patent Act provides：The reproduction in 2 dimensions of the whole or part of a provisional or complete specification that is open to public inspection does not constitute an infringement of any copyright subsisting under the Copyright Act 1968 in any literary or artistic work.

直接获得的产品，由专利权人或者经其许可的单位、个人售出后，使用、许诺销售、销售、进口该产品的，不视为专利侵权。该项规定确立了我国的权利用尽规则。而对权利用尽问题的理解和适用不仅与技术产品的进口有关，而且还与某些特定产品的循环利用问题关系密切。❶ 特别是对于某些可以循环利用的专利产品或外观设计产品而言，如果这些产品被正常使用之后被第三人收购并再次加以商业性的循环利用，一方面有利于发展循环经济，节能减排，保护环境，减缓气候变化；而另一方面，第三人的循环利用行为必将导致市场上对专利权人专利产品的需求的减少，从而损害专利权人的利益。如何适用法律解决这个问题，目前我国法院有不同的做法。

在四川省绵阳市丰谷酒业有限责任公司（以下简称"丰谷公司"）诉三台县鲁湖酒厂（以下简称"鲁湖酒厂"）专利侵权纠纷案❷中，2002年8月23日，丰谷公司申请了名称为"酒瓶（二）"的外观设计专利。2003年4月23日，国家知识产权局授予该外观设计专利权，专利号为ZL 02356137.8，该专利在纠纷发生时仍然有效。2006年7月以来，鲁湖酒厂利用回收丰谷公司的旧酒瓶，灌装自己生产的白酒，在绵阳、德阳、广元等地销售。故丰谷公司以专利侵权为由将鲁湖酒厂诉至绵阳市中级人民法院。绵阳市中级人民法院经审理后认为：丰谷公司合法拥有"酒瓶（二）"的外观设计专利，该专利有效，受法律保护。鲁湖酒厂明知该外观设计为丰谷公司的专利，仍未经许可，利用该外观设计的酒瓶来灌装自己生产的白酒并销售，侵犯了丰谷公司的外观设计专利权。因此，应承担停止侵权、赔偿损失的责任。被告鲁湖酒厂不服，向四川省高级人民法院提出上诉。四川省高级人民法院经审理后认为：《专利法》第63条第1款第（1）项（现《专利法》第69条第1款第（1）项）规定"专利权人制造、进口或者经专利权人许可而制造、进口的专利产品或者依照专利方法直接

---

❶ 闫文军. 作为包装物的外观设计的权利用尽问题探讨［D］. 中国科学院大学法律系研讨会报告，2014.

❷ 三台县鲁湖酒厂与四川省绵阳市丰谷酒业有限责任公司专利侵权纠纷上诉案［EB/OL］. 四川省高级人民法院（2010）川民终字第20号民事判决书. http：//www. pkulaw. cn/fulltext_form. aspx？Db = pfnl&Gid = 117753140&keyword = &EncodingName = &Search_ Mode = accurate.

获得的产品售出后，使用、许诺销售或者销售该产品的，不视为侵犯专利权"中所指的"该产品"，应当仅限于专利权人制造或者经专利权人许可而制造并售出的完整产品。本案中，就丰谷公司外观设计专利来说，专利产品名称为酒瓶，其应用价值在于作为酒的包装物即酒瓶与酒作为一个整体投入市场，当这种酒产品合法投入市场并售出后，购买者自己使用或再次使用、许诺销售或者销售该产品的，不视为侵犯专利权，但鲁湖酒厂回收了丰谷公司外观设计专利产品的酒瓶，用于灌装自己生产的白酒进行销售，这种行为已突破了专利产品合法购入者使用的内涵，成了一种变相生产制造外观设计专利产品的行为。故鲁湖酒厂的此种行为不符合该法律规定免责的情形，其辩称不侵权的理由不能成立。因此，四川省高级人民法院判决驳回被告上诉，维持原判。

在河南维雪啤酒集团有限公司（以下简称"维雪集团"）诉济源市王屋山黑加伦饮料有限公司（以下简称"黑加伦公司"）侵犯外观设计专利权纠纷案❶中，2005 年 4 月 4 日河南维雪啤酒有限公司向国家知识产权局申请"啤酒瓶"的外观设计专利，2005 年 11 月 30 日该项专利被授予专利权，专利权人为河南维雪啤酒有限公司，专利号为 ZL 2005300082766。2007 年 1 月 10 日经国家知识产权局授权公告，专利权人变更为维雪集团。2009 年 3 月 3 日维雪集团缴纳专利年费 900 元。该外观设计的主视图为：瓶体自上而下分为五个部分，标准皇冠瓶口；瓶颈中部偏下略微向外隆起；瓶肩向外呈圆弧状，中间横向排列"维雪啤酒"四个字；瓶身为柱状，两端是略厚的护标线；瓶底呈向下弧度的圆台状。2009 年，维雪集团在市场上先后购买了黑加伦公司生产的王屋山冰爆爽碳酸饮料 50 瓶，该饮料使用的外包装瓶为黑加伦公司从市场回收的维雪集团投放市场的啤酒被消费后作为啤酒包装物的旧瓶子。根据瓶盖或瓶体标注的生产日期，该 50 瓶饮料涉及 2008 年 7 月至 2009 年 4 月共 34 个批次产品。同时，维雪集团举证证明维雪啤酒瓶的价格按供货时间及地点从 0.66 元/只至 0.73 元/只

---

❶ 济源市王屋山黑加伦饮料有限公司与河南维雪啤酒集团有限公司侵犯外观设计专利权纠纷上诉案［EB/OL］. 河南省高级人民法院（2010）豫法民三终字第 85 号民事判决书 . http：// www. pkulaw. cn/fulltext_ form. aspx？Db = pfnl&Gid = 117785264&keyword = &EncodingName = &Search_ Mode = accurate.

不等，而回收价格为 0.28 元。

维雪集团认为黑加仑公司侵犯了其外观设计专利权，故诉至郑州市中级人民法院。郑州市中级人民法院认为：黑加仑公司将其回收的维雪集团享有外观设计专利权的啤酒瓶用于灌装其生产的黑加仑饮料在市场上销售，判断黑加仑公司的该行为是否构成侵权，应从两个方面来分析，一是本案中黑加仑公司回收利用行为的性质，二是黑加仑公司回收利用行为是否符合《专利法》第 63 条第 1 款第（1）项（现《专利法》第 69 条第 1 款第（1）项）的规定，即是否适用专利权用尽原则。本案中维雪集团享有"啤酒瓶"的外观设计专利权，其将啤酒瓶灌装啤酒后，啤酒瓶与啤酒作为一个整体出售，啤酒瓶的功能在于作为啤酒的包装物，消费者饮用啤酒之后，啤酒瓶在流通领域的任务已经完成，黑加仑公司回收啤酒瓶，并灌装其生产的黑加仑饮料作为其产品出售，啤酒瓶与其生产的饮料作为一个整体又成为新的产品，黑加仑公司行为的实质是通过对啤酒瓶的回收利用产生新的产品，因此是一种变相的生产制造外观设计专利产品的行为。关于黑加仑公司的行为是否适用专利权用尽原则，专利权用尽是指专利产品首次合法投放市场后，任何人进行再销售或者使用，无需再经过专利权人同意，且不视为侵犯专利权的行为。因此专利权用尽原则的适用仅限于专利产品流通领域，适用对象限于合法投放市场的专利产品。本案中，啤酒瓶与啤酒作为一个整体进行出售，啤酒被消费后，黑加仑公司回收利用啤酒瓶的行为实质是一种变相的生产制造行为，因此不适用专利权用尽原则，其行为侵犯了维雪啤酒的外观设计专利权，应承担停止侵权并赔偿损失的责任。黑加仑公司对郑州市中级人民法院的判决不服，提出上诉认为：维雪集团销售啤酒后，啤酒瓶的外观设计专利权用尽，购买者再销售或使用不应构成侵权。河南省高级人民法院经审理后认为：维雪集团用其啤酒瓶灌装啤酒销售后，因其专利权权利用尽，故无论其经销商的销售行为，还是消费者的使用行为，皆不必征得维雪集团的许可，以保证商品的正常流通，且这些行为亦应是维雪集团产品正常的销售、流通、消费环节。而黑加仑公司将维雪集团的啤酒瓶回收后，虽然啤酒瓶的物权即所有权发生转移，但并不意味着外观设计专利权的转移或丧失。黑加仑公司灌装其饮料的行为是将涉案啤酒瓶作为同类产品——容器使用，又恢复了瓶子的外观设计专利的用途，黑加伦公司重新利用这些专利瓶子的美感，形成自己商品外观特征的优势，属生产制造而非流通行为，该行为违背了权利人维雪集团的主观意愿，侵犯了维雪集团专利权。故黑加伦公司回收维雪集团啤酒瓶灌装饮料的行为属于生产制造专利产品的行为，构成侵权。因此，河南省高级人民法院驳回被告上诉，维持原判。

在鞠爱军诉山东武城古贝春集团公司外观设计专利侵权纠纷案❶中，中国专利局于 1997 年 9 月 20 日授予鞠爱军外观设计专利权，专利号为 ZL 96323288.6，使用外观设计的产品名称为酒瓶。原告鞠爱军为山东银河酒业（集团）总厂（以下简称"银河酒厂"）人员，曾无偿让银河酒厂使用其外观设计专利酒瓶生产白酒，后于 1999 年 9 月 30 日与银河酒厂签订了专利独占实施许可合同，每年专利许可使用费为 15 万元。1999 年 8 月 16 日，被告武城古贝春集团公司（以下简称"古贝春公司"）与诸城康业副食品经销处（以下简称"康业经销处"）签订协议，授权康业经销处为古贝春系列酒在诸城市的总经销商，约定了由康业经销处提供酒瓶，负责把酒瓶送到古贝春集团仓库，古贝春公司提供剩余包装物及散酒，生产一个由康业经销处独立销售的"古贝春头曲"，价格 1.93 元/瓶（不含酒瓶），自即日始至 2000 年 8 月 16 日最低销售 40 万瓶，第一批先安排 16 万瓶，康业经销处的销售区域在诸城市等内容。协议签订后，古贝春公司开始生产古贝春头曲酒，交予康业经销处销售，使用的酒瓶为康业经销处回收的银河酒厂所售酒的旧酒瓶，由古贝春清洗消毒后灌瓶、包装。原告鞠爱军认为被告古贝春公司侵犯了其外观设计专利权，故诉至济南市中级人民法院。济南市中级人民法院审理后认为：就本案外观设计专利来说，专利产品名称为酒瓶，其工业上应用价值在于作为酒的包装物与酒作为一个整体投入市场。所以，专利权穷竭，即专利权人权利用尽应指使用这种设计的酒瓶的酒产品合法投入市场并售出后，购买者自己使用或再次销售该酒产品的行为。这里的使用仅就产品功能本身的发挥而言，对于回收与此

---

❶　鞠爱军与山东武城古贝春集团公司外观设计专利侵权纠纷上诉案［EB/OL］.山东省高级人民法院（2000）鲁经终字第 339 号民事判决书. http：//www. pkulaw. cn/fulltext_ form. aspx？Db = pfnl&Gid = 117445356&keyword = 鞠爱军 &EncodingName = &Search_ Mode = accurate.

种设计相同或近似的酒瓶并作为自己同类酒产品的包装物，以生产经营为目的的生产销售行为，已突破了专利产品合法购入者使用的内涵，成了一种变相生产制造外观设计专利产品的行为，因而被告主张专利权人权利用尽的抗辩理由不能成立。况且外观设计专利权保护的对象是一种智力成果，是体现特定产品设计的无形资产，体现该设计酒瓶的物权即所有权转移，并不意味着外观设计专利权的转移或丧失。因此，济南市中级人民法院认为被告构成专利侵权。被告不服，将本案上诉至山东省高级人民法院。而山东省高级人民法院经审理后认为：当专利权人许可银河酒厂独占实施，银河酒厂使用该外观设计专利酒瓶生产、销售白酒，白酒售出后，专利权人和银河酒厂已经获得了收益，体现在酒瓶的专利权已经用尽，根据专利权用尽原则，购买者的使用或者再销售行为就不构成侵犯其专利权。被告生产、销售古贝春头曲，使用回收的旧酒瓶，因旧酒瓶上的专利权已经用尽，故无论这些旧酒瓶是否与专利权人的外观设计专利酒瓶相同或近似，都不构成对专利权人外观设计专利权的侵犯。所以，山东省高级人民法院判决撤销一审判决，驳回原告诉讼请求。

在张日明诉易伟力专利侵权案❶中，张日明于 2009 年 11 月 17 日向国家知识产权局申请了名称为"净水桶（09－03）"的外观设计专利权。2010 年 6 月 23 日该申请获得授权公告，专利号为 ZL 200930340065.0。该专利的年费最近缴纳日期为 2011 年 8 月 26 日。2011 年 9 月 16 日，张日明在广东省佛山市高明区易伟力粮油杂货部购买了饮用水三桶，并取得了送货单。该饮用水水桶使用了张日明获得专利权的外观设计。张日明以易伟力构成外观设计专利侵权为由诉至佛山市中级人民法院。佛山市中级人民法院审理后认为：本案涉案的水桶来源于张日明所任职的佛山市顺德区大良顺之星饮料厂，从张日明取证的送货单上"按矿泉水桶 3 个 × 30 元 = 90 元"的内容，可以看出易伟力向张日明出售的只是水，而非水桶，张日明支付的 90 元只是水桶的押金，涉案的水桶在里面的水饮用完后是可以退回给易伟力的。这种行为也完全符合人们平常购买桶装饮用水的交易习惯。

---

❶ 肖海棠. 重复使用与变相制造：对包装物外观设计专利产品的侵权认定——张日明诉易伟力饮用水桶外观设计专利权纠纷案评析 [J]. 科技与法律，2012（6）.

易伟力在交易中只是使用了来源合法的水桶，并没有销售涉案水桶的行为。依据《专利法》第 11 条第 2 款 "外观设计专利被授予后，任何单位或者个人未经专利权人许可，都不得实施其专利，即不得为生产经营目的制造、许诺销售、销售、进口其外观设计专利产品" 的规定，易伟力使用专利产品的行为并不构成侵权。故佛山市中级人民法院对张日明的诉讼请求不予支持，驳回原告张日明的诉讼请求。张日明不服一审判决将本案诉至广东省高级人民法院。广东省高级人民法院经审理后认为：易伟力将涉案专利桶进行重新冲洗、消毒、灌水和重新打包的行为，并未对该桶的外观设计产生任何实质改变，属于使用行为而并非制造行为。根据送货单中"按矿泉水桶 3 个 × 30 元 ＝ 90 元"的记载内容，可以证明易伟力在销售桶装水的过程中收取了矿泉水桶的押金。根据桶装水行业的交易习惯和一般日常经验，消费者在饮用水使用完后须退回作为包装物的桶，从而换回押金。可见涉案专利桶只是作为包装物而使用，而并非单独出售或者连带水一起出售。因此，在易伟力被控行为不存在"制造、许诺销售、销售、进口"的情况下，张日明主张外观设计专利权保护不能成立，故二审法院驳回上诉维持原判。

上述四个案件的判决表明我国法院对知识产权权利用尽掌握的尺度并不完全一致。这四个案件均是涉及专利的案件，在我国《专利法》对权利用尽问题尚有专门条款规定的情况下，我国法院对该问题的法律适用尚出现如此矛盾。而我国《著作权法》《商标法》尚未对著作权领域和商标领域的权利用尽问题作出具体规定，随着我国著作权人和商标权人维权意愿和能力的加强，著作权和商标领域的权利用尽问题可能会更加突出，那么就更有可能对商品的循环利用问题产生更多的困扰。

解决知识产权保护与商品循环利用之间的紧张关系，关键在于准确界定知识产权保护的边界，正确理解和适用知识产权权利用尽原则的基本原理和法律规则。之所以产生知识产权权利用尽原则，其根本原因在于保障知识产权权利人拥有且仅拥有一次从其智力成果中获得回报的机会。质言之，对附加了特定知识产权的特定商品而言，该知识产权权利人应该仅仅有一次机会从该特定商品中获得经济回报。当然，由于各国有不同的权利用尽理论和知识产权政策，各国法律和实践有可能对权利用尽规则进行微调，比如允许权利人禁止平行进口或允许权利人对知识产权产品的二次销售行为进行限制。这些调整有可能使权利人从特定知识产权产品的市场流通环节获得二次经济回报，也有可能妨碍商品的循环利用。但需要注意的是，这些调整必须是特定的国家出于特定目的而明确做出的，否则，对于发展中国家而言，特别是对于承担着巨大环保压力的我国而言，则没有必要以妨害商品循环利用为代价而给予知识产权权利人获得多次经济回报的机会。特别是对外观设计专利产品而言，如果专利权人已经从该专利产品的首次销售中获得了经济回报，那么就没有必要允许专利权人在该专利产品的循环利用中再次获取经济利益。另外，需要说明的是，如果专利权人所出售的外观设计专利产品附有商标，或者该外观设计专利产品因为市场营销已经成为知名商品，而第三人对该外观设计专利产品的循环利用可能导致消费者对该产品来源或产品本身的混淆，那么权利人可以依据《商标法》或《反不正当竞争法》获得救济。

第八节

许可承诺

许可承诺制度规定于《英国专利法》第46条。❶ 根据该条规定，权利人在获得专利权之后，可以向英国知识产权局做一个"许可承诺"的登记。专利权人在作出该登记之后，其他任何人均可向专利权人要求获得一个普通的使用许可，专利权人不得拒绝，但使用人需向专利权人支付合理的使用费。使用费的数额和标准有两种确定方式：（1）专利权人与使用人协商，达成自愿的专利许可协议，从而依据该协议确定使用条件和使用费

---

❶ Sec. 46 of UK Patents Act 1977.

的数额；（2）如果专利权人和使用人不能达成自愿许可协议，那么使用费的标准就可根据专利权人或使用人的申请，由英国知识产权局进行裁决。

同时，在专利侵权之诉中，如果被告接受通过上述方式确定的许可协议，那么法院即不得对被告下达永久禁令或临时禁令，因先前侵权行为所须支付的赔偿数额亦不得超过通过上述方式确定的使用费的两倍。另外，为了保护使用人的竞争利益，《英国专利法》46 条第 4 款、第 5 款规定：通过许可承诺制度获得专利使用权的人如果发现他人有专利侵权行为，他可以直接要求专利权人对侵权人提起侵权之诉；如果专利权人明确拒绝提起侵权之诉或在两个月内不回复也不提起诉讼，那么使用人即可对侵权人提起侵权之诉，其法律地位与专利权人等同。使用人在提起侵权之诉时应该把专利权人列为共同被告，但是如果专利权人决定不参加该诉讼或不出庭，那么专利权人即不应承担赔偿责任。❶

由此可见，专利权人在做出"许可承诺"登记之后，他的专利权就受到了一定的限制。显然，从这个意义上来讲，"许可承诺"对专利权人而言是不利的，那么为什么有的专利权人还做这个"许可承诺"登记呢？原因很简单，就是《英国专利法》46 条还同时规定：如果专利权人做出许可承诺登记，那么在登记后，专利年费将减半收取。正是由于这个经济刺激，才吸引了众多专利权人做出许可承诺登记。

当然，专利权人在做出许可承诺登记之后仍然可以视情况撤销该登记。根据《英国专利法》第 47 条，专利权人做出许可承诺登记后可以随时向英国知识产权局申请撤销该登记。❷ 在满足下列条件下，知识产权局应该依据专利权人的申请撤销许可承诺登记：（1）专利权人全额补缴了之前减收的专利年费；（2）关于该专利不存在相应的专利许可，或者虽然存

❶ （4）and（5）of Sec. 46 of UK Patents Act 1977 provide：The licensee under a licence of right may（unless, in the case of a licence the terms of which are settled by agreement, the licence otherwise expressly provides）request the proprietor of the patent to take proceedings to prevent any infringement of the patent; and if the proprietor refuses or neglects to do so within two months after being so requested, the licensee may institute proceedings for the infringement in his own name as if he were proprietor, making the proprietor a defendant or defender. A proprietor so added as defendant or defender shall not be liable for any costs or expenses unless he enters an appearance and takes part in the proceedings.

❷ Sec. 47 of UK Patents Act 1977.

在专利许可但被许可人均同意撤销该许可承诺登记。许可承诺被撤销后，专利权人在之后的权利和义务与未做该登记时的权利和义务完全等同。

笔者认为，在应对气候变化背景之下，英国的许可承诺制度对我国具有特别重要的意义。

第一，许可承诺制度可以鼓励低碳技术专利的权利人向社会分享其技术。根据许可承诺制度，进行许可承诺登记后，专利年费减半收取。这样就可以刺激国内拥有低碳技术专利的大批中小企业和科研院所进行许可承诺登记。而登记后专利权人即不得拒绝他人使用该专利技术，相应地也就促进了低碳技术的许可与利用，消除了权利人利用其专利权非法垄断技术和市场的可能性。

第二，许可承诺制度为受公共资金资助的低碳技术专利的共享提供了制度保障。当前，世界各国对低碳技术研发的财政支持投入持续增加，受公共资金资助的低碳技术及其专利必然越来越多。为了保障公共资金使用的公益性，国家在资助低碳技术研发时，通常会要求受资助者在获得知识产权后，应该以公平合理的条件许可给第三人使用其低碳技术。但上述要求通常规定于资助单位与受资助者之间的资助协议之中，根据合同的相对性原理，这样的权利义务通常仅对协议双方当事人有效，如果第三人要求获得专利使用许可而受资助者拒绝许可，则第三人就可能没有救济措施。如果我国专利法采用了许可承诺制度，那么国家在资助低碳技术研发时，即可要求受资助者在获得专利权后即应进行许可承诺登记，这样第三人在使用该受资助的低碳技术时即不会存在任何障碍。当然，第三人在使用该低碳技术时仍应按照合理的条件支付使用费。

第三，许可承诺制度亦是反垄断部门强制企业承担滥用低碳技术专利权法律责任的一个备选方式。随着低碳经济的发展和低碳产业竞争的加剧，尤其是由于应对气候变化挑战，特别需要低碳技术创新，低碳领域滥用知识产权进行非法垄断的行为必然会有所显现，甚至有可能会快速增加，进而影响全球应对气候变化挑战的努力。因此，如何有效避免低碳领域滥用知识产权的非法垄断行为以及如何有效消除该非法垄断的不利影响，则是各国应该认真考虑的一个问题。我国《反垄断法》第55条规定，经营者滥用知识产权，排除、限制竞争，适用反垄断法。但是，反垄断法并未具体规定滥用知识产权所应承担法律责任的方式。我国现行《专利法》虽然规定了反垄断强制许可制度，如果专利权人行使专利权的行为被依法认定为垄断行为，为消除或者减少该行为对竞争产生的不利影响，国家知识产权局根据申请可以给予实施发明专利或实用新型专利的强制许可，但是由于强制许可的颁发具有高度敏感性，必须慎之又慎，因此，反垄断强制许可制度的实际效果如何，尚有待进一步观察。而《英国专利法》则明确规定，如果英国反垄断执法部门认为专利权人构成专利权滥用，属于垄断或限制竞争的行为，那么反垄断执法部门就可以申请英国专利局对该专利权强制进行许可承诺登记。❶ 由于许可承诺登记制度不同于TRIPs 协议所规制的强制许可制度，因此，反垄断执法部门申请专利局强制进行许可承诺登记而引起国际争议的可能性不大。我国亦不妨效仿英国专利法，把许可承诺登记作为承担滥用知识产权法律责任的方式之一。

---

❶　Sec. 48 of UK Patents Act 1977.

结　语

　　我国国家知识产权局的一位副局长在访问美国时曾向美国专利商标局局长发问：贵局在专利审查实践中主要的政策考量是什么？该美国专利商标局局长的回答很干脆：美国的政治、经济利益。与物权相比，知识产权具有更明显的法定性。如果没有知识产权法律的明确规定，创造者由于不能禁止他人利用其智力成果，所以创造者在利用其智力成果时，基本上不具有市场竞争优势；❶ 并且，如果考虑创新者的创新成本，创造者甚至会处于市场竞争劣势。因此，为了鼓励创新，鼓励技术进步和科技发展，增进社会福利，国家有必要制定知识产权法保护智力成果。在国际上，知识产权保护水平亦是与一个国家的经济和科技水平相关的。

　　通常而言，如果一个国家科技、经济发展水平越高，其知识产权保护标准就会越高。但是，值得注意的是，对我国这样的发展中大国，并非知识产权保护标准越低就越好。例如，在 20 世纪八十年代和九十年代初，我国的计算机软件创新能力并不比世界上任何一个国家差，但是由于我们当时对计算机软件实行低水平的保护制度与实践，因此，自九十年代中后期，我国的软件业被美国远远地甩在了后边，美国出现了比尔·盖茨、乔布斯这样的世界首富，而我国的富豪则基本上集中于房地产这样的不需要知识产权保护的行业。我国是一个创新资源大国，科技人员总量已经居于世界第一位，科技创新能力正在不断增强，大量的科研成果需要较高水平的知识产权保护。所以，我们必须从我国国情和国家利益出发，设计和制定我国的知识产权制度，并在实践中加以严格贯彻和落实。

---

　　❶ 之所以说"基本上"，主要是因为创造者在利用其智力成果时具有一定的"领先"优势，并进而可能导致某种程度的竞争优势。

具体到气候变化问题，发达国家在低碳技术方面具有明显的优势。仅日本、美国、德国、韩国、法国、英国等6个国家的低碳技术优先权专利申请量就达到了世界总量的80%以上。同时，发达国家亦具有向发展中国家转移低碳技术、促进气候变化问题解决的历史责任、道义责任和国际法责任。发达国家向发展中国家转移低碳技术的法律责任清楚地表述在与气候变化或环境保护有关的国际公约、条约或协议之中。

值得注意的是，发达国家在面对其转移低碳技术的义务时，亦有观点认为：发达国际虽然有义务向发展中国家转移低碳技术，但是由于这些低碳技术及其知识产权通常掌握在发达国家的公司或个人手中，因此，发达国家在实际上并没有能力履行其转移低碳技术的国际义务。这种观点本身是错误的。因为发达国家履行向发展中国家转移低碳技术的义务，并不意味着发达国家政府亲自将具体的低碳技术转移给发展中国家使用。发达国家政府通过制定政策或采取其他激励措施的方式，促进其低碳技术向发展中国家转移，亦是发达国家履行其国际法义务的一种重要形式，甚至是主要形式。因此，发达国家政府绝对不能以不掌握低碳技术及其知识产权为理由，而拒绝履行其转移低碳技术的国际义务。所以，问题的关键应该是发达国家应该采取哪些具体措施，以促进其低碳技术向发展中国家转移。

在知识产权领域，发达国家为了促进低碳技术向发展中国家的转移，至少可以在以下三个方面作出努力：

第一，制定受公共资金资助的低碳技术的知识产权分享与利用方案。当前，发达国家为了应对气候变化挑战，对低碳技术研发提供了大量的公共资金进行资助。而根据发达国家的相关法律，如美国的拜杜法，这些受公共资金资助的低碳技术成果及其知识产权，通常属于项目承担单位，亦即受资助者。在应对气候变化背景下，并且在考虑到保持受资助者将其低碳成果进行商业化的积极性的基础上，发达国家有必要考虑调整这些受公共资金资助的低碳技术及其知识产权的分享方式，使发达国家政府有权利、有条件向发展中国家免费或低价地转移这些低碳技术。

第二，采取措施，增强发达国家享有知识产权的低碳技术信息在全球范围内的传播和分享。便捷地接触和获取发达国家享有知识产权的低碳技术信息，特别是低碳专利技术信息，对发展中国家有效利用这些低碳技术具有重要意义。而发达国家采取措施提升这些低碳技术信息的传播，也并不会威胁本国知识产权权利人的利益，相反，由于这些信息的广泛传播，还增加了这些低碳技术被实际利用的可能性，从而增大了权利人获得经济利益的可能性。因此，这些措施是一个双赢的举措。在相关具体措施方面，欧洲专利局的绿色专利分类就是一个有效且具有实际意义的尝试。

第三，发达国家有义务展示坚定的政治意愿，在关键的低碳专利技术强制许可方面做出有利于发展中国家的安排。出于道义上的考虑，发达国家在多哈回合谈判中，对 Trips 协议条款作出了让步，同意对该协议第 31 条进行修改。而在气候变化问题上，发达国家不仅具有道义责任，而且还具有历史责任和国际法责任，帮助发展中国家应对气候的挑战，因此，在必要的情况下，发达国家更有义务针对低碳技术问题同意对 Trips 协议的相关条款做出修改。在这个意义上，主要是发达国家应该允许在气候变化问题确实可能导致一个缔约方处于国家紧急状态或极端紧急情况下，那么该缔约方可以利用 Trips 协议第 31 条的规定对有关低碳技术专利颁发强制许可，以允许相关产品的制造或进口；如果专利权人相互联合实施垄断的行为，发展中国家亦应被允许通过颁发强制许可的方式破除非法垄断，促进市场竞争；发达国家还应同意将《修改〈与贸易有关的知识产权协定〉议定书》适用的技术领域范围由药品领域扩展至低碳技术领域，至少应该扩展至关键的低碳技术领域。

作为气候变化的受害者，发展中国家亦应该不等不靠，在应对气候变化挑战过程中有所作为。一方面，发展中国家应该继续坚持《联合国气候变化框架公约》所确定的"共同但有区别责任"的原则，要求发达国家根据其历史责任和国际法责任，尽快将落实其应对与适应气候变化援助资金和技术转移的承诺，以有效增强发展中国家应对气候变化挑战的能力。另一方面，发展中国家也应该注重能力培养和制度创新，增强自主创新能力，以有效地获取和利用发达国家的低碳技术。在很多情况下，可能正是由于发展中国家本身的制度缺失或缺陷，阻碍了低碳技术转移。比如，我们是否可以考虑对全球低碳技术进行全面检索和分析，并以此为基础构建发展中国家的低碳技术研发平台；是否可以重新设计对本国利用公共资金资助的低碳技术的分享制度，以更加有效地促进这些低碳技术的利用；是否可以建立许可承诺登记制度，以从制度上保障专利权人与使用者之间的利益；是否应对专利说明书著作权问题进行明确；等等。这些内容，都是发展中国家需要予以认真考虑的问题。总之，只有在发达国家和发展中国家的合作和共同努力下，我们才能有效应对和适应气候变化这个全球性问题，才能保障人类文明的稳定与可持续发展。

参考文献

一、国内文献

[1] 崔玉清. 知识产权保护对低碳技术转让的影响［J］. 开放导报，2011（2）.

[2] 郭禾. 知识产权法［M］. 北京：中国人民大学出版社，2010.

[3] 何隽. 从绿色技术到绿色专利——是否需要一套因应气候变化的特殊专利制度［J］. 知识产权，2010（1）.

[4] 何一鸣，原萍. 联合国气候谈判中的国家利益驱动［J］. 中国海洋大学学报：社会科学版，2010（4）.

[5] 贾晶晶. 基于 CDM 的低碳技术转让机制研究［D］. 浙江大学硕士学位论文，2010.

[6] 蒋佳妮，王灿. 应对全球气候变化技术的国际转让与知识产权——基于中国电动汽车技术领域的分析［J］. 科技创新导报，2011（26）.

[7] 蒋志培，王利明，吴汉东. 中国知识产权保护前沿问题与 WTO 知识产权协议［M］. 北京：法律出版社 2004.

[8] 金明浩，闫双双，郑友德. 应对气候变化问题的专利制度功能转变与策略［J］. 情报杂志，2012（4）.

[9] 鞠明明，李华. 低碳时代经济发展方式转变的着力点：知识产权战略［J］. 合作经济与科技，2012（5）.

[10] 孔祥俊，等. WTO 规则与中国知识产权法：原理 规则 案例［M］. 北京：清华大学出版社，2006.

[11] 李明德. 知识产权法［M］. 北京：社会科学文献出版社，2007.

[12] 李顺德. 知识产权法律基础［M］. 北京：知识产权出版社，2005.

[13] 刘春田. 知识产权法［M］. 北京：中国人民大学出版社，2009.

[14] 刘二中. 技术发明史［M］. 北京：中国科学技术大学出版社，2006.

[15] 刘海波. 日本奈良先端科学技术大学院大学的知识产权和技术转移［J］. 科学决

策，2010（9）.

[16] 柳福东，朱雪忠. 低碳国际公约与专利国际公约的冲突与协调研究［J］. 中国人口、资源与环境，2013（2）.

[17] 陆晓辉. 我国光伏行业核心技术缺失凸显危机［N］. 中国高新技术产业导报，2010 - 05 - 10.

[18] 曲三强. 知识产权法原理［M］. 北京：中国检察出版社，2004.

[19] 孙健. 控制气候变化的国际法律机制研究［D］. 东北林业大学，2010.

[20] 陶鑫良，袁真富. 知识产权法总论［M］. 北京：水利水电出版社，2005.

[21] 涂瑞和.《联合国气候变化框架公约》与《京都议定书》及其谈判进程［J］. 环境保护，2005（3）.

[22] 王兵. 欧盟知识产权法律法规概论［J］. 清华大学出版社，2000.

[23] 王晓晔. 反垄断法［M］. 北京：法律出版社，2011.

[24] 王晓晔. 反垄断法实施中的重大问题［M］. 北京：社会科学文献出版社，2010.

[25] 吴汉东. 知识产权国际保护制度研究［M］. 北京：水利水电出版社，2007.

[26] 吴勇. 建立因应气候变化技术转让的国际知识产权制度［J］. 湘潭大学学报：哲学社会科学版，2013（3）.

[27] 徐升权. 气候变化相关的知识产权问题探析［J］. 武汉大学学报：哲学社会科学版，2010，63（6）：923 - 929.

[28] 徐升权. 适应和应对气候变化相关的知识产权制度问题研究［J］. 知识产权，2010（4）.

[29] 姚维红. 专利文献应该享有著作权吗？［N］. 中国知识产权报，2010 - 5 - 7.

[30] 张楚. 知识产权前沿报告［M］. 北京：中国检察出版社，2007.

[31] 张今. 知识产权新视野［M］. 北京：中国政法大学出版社，2000.

[32] 张乃根. 论后《京都议定书》时期的清洁能源技术转让［J］. 复旦学报：社会科学版，2011（1）.

[33] 张鹏. 论低碳技术创新的知识产权制度回应［J］. 科技与法，2010，85（3）：29 - 32.

[34] 张平. 技术创新中的知识产权保护评价［M］. 北京：知识产权出版社，2004.

[35] 张天放. 低碳发展须应对知识产权制约［N］. 石油商报，2011 - 2 - 14.

[36] 张新锋. 专利权的 Bolar 例外——从一例专利侵权案探析［N］. 中国发明与专利，2009（4）.

[37] 张艳蕊. 低碳技术知识产权圈地暗流涌动［N］. 中国企业报，2010 - 9 - 15.

［38］张玉敏．中国欧盟知识产权法比较研究［M］．北京：法律出版社，2006.

［39］赵刚．科技应对气候变化：国际经验与中国对策［M］．中国科技财富，2010（9）.

［40］赵建国．知识产权护航气候友好技术发展［N］．中国知识产权报，2010 – 3 – 19.

［41］郑成思．《与贸易有关的知识产权协议》详解［M］．北京：北京出版社，1994.

［42］郑胜利，曲三强．北大知识产权评论（第二卷）［M］．北京：法律出版社，2004.

［43］朱雪忠，罗敏．以专利政策为核心的低碳政策互动机制研究——从促进低碳技术创新的视角［J］．中国科技论坛，2013（4）.

［44］朱雪忠，乔永忠，等．国家资助发明创造专利权归属研究［M］．北京：法律出版社，2009.

［45］Sangeeta Shashikant，Martin Khor，Yoke Ling Chee，陈惜平．气候变化背景下的知识产权与技术转让议题［M］//国家知识产权局条法司．专利法研究（2010），北京：知识产权出版社，2011.

二、国外主要参考文献

［1］AADITYA MATTOO，ARVIND SUBRAMANIAN. A "Greenprint" for International Co-operation on Climate Change. The World Bank Development Research Group Trade and Integration Team Policy Research Working Paper 6440，May 2013.

［2］Alic D. Mowery and Rubin E.：U. S. technology and innovation policies：Lessons for Climate Change. Pew Center on Global Climate Change. November，2003.

［3］Barton John：Intellectual Property and Access to Clean Energy Technologies in Developing Countries – An Analysis of Solar Photovoltaic，Biofuel and Wind Technologies. Geneva：ICTSD，2007.

［4］Barton，John：Patents and the Transfer of Technology to Developing Countries. In OECD，Directorate for Science，Technology and Industry，Patents，Innovation and Economic Performance Conference Proceedings，report of conference held in Paris on 28 and 29 August 2003.

［5］Cazorla，M. and Toman，M.（2000）International equity and climate change policy. Resources for the Future Climate Issue Brief Number 27. Resources for the Future：Washington，DC.

［6］Charles R. McManis and Jorge L. Contreras，Compulsory Licensing of Intellectual Property：A Viable Policy Lever for Promoting Access to Critical Technologies. available at http：//ssrn. com/abstract = 2342815，2013 − 11 − 10.

［7］ Chikkatur，A. P. and Sagar，A. D. （2007） Cleaner power in India：towards a clean −
coaltechnology roadmap. Belfer Center for Science and International Affairs Discussion Pa-
per 2007 − 06，1 − 261.

［8］ Daniel J. Gervais，Climate change，the international intellectual property régime，and
disputes under the TRIPS Agreement. Vanderbilt University Law School Public Law and
Legal Theory Working Paper Number 2013 − 16.

［9］ Dechezleprêtre，A.，Glachant，M.，and Ménière，Y. （2012） What drives the inter-
national transfer of climate mitigation technologies? Empirical evidence from patent da-
ta. Environmental Resource Economics. FEEM Working Paper Number 12/2010.

［10］ Dimitrov，R. S. （2010） Inside UN climate change negotiations：the Copenhagen con-
ference. Review of Policy Research 27，795 − 821.

［11］ Duysters，G.，Jacob，J.，Lemmens，C.，and Jintian，Y. （2009） Internationali-
zation and technological catching up of emerging multinationals：a comparative case
study of China's Haier Group. Industrial and Corporate Change 18，325 − 349.

［12］ Elizabeth Burleson：Energy Policy，Intellectual Property，and Technology Transfer to
Address Climate Change. Transnational Law & Contemporary Problems Vol. 18：
69，2009.

［13］ Enrico Bonadio：Climate Change and Intellectual Property. European Journal of Risk
Regulation，p. 72，March 2010.

［14］ Estelle Derclaye：Intellectual property rights and global warming. ［2008］ 12 Marque-
tte Intellectual Property Law Review，263.

［15］ European Commission. （2011） Report on EU customs enforcement of intellectual prop-
erty rights：results at the EU border. European Union，Belgium.

［16］ Foray Dominique：Technology Transfer in the TRIPS Age：The Need for New Types of
Partnerships between the Least Developed and Most Advanced Economies. Geneva：IC-
TSD，2008.

［17］ Forsyth Tim （ed. ）：Positive Measures for Technology Transfer under the Climate
Change Convention. London：The Royal Institute of International Affairs，1998.

［18］ Frederick M. Abbott：Innovation and Technology Transfer to Address Climate Change：
Lessons from the Global Debate on Intellectual Property and Public Health. ICTSD Pro-
gramme on IPRs and Sustainable Development，Issue Paper No. 24.

[19] Gallagher, K. S., Grubler, A., Kuhl, L., Nemet, G., and Wilson, C. (2012) The energy technology innovation system. Annual Review of Environment and Resources 37, 137 – 162.

[20] Glass, A. J. and Saggi, K. (1998) International technology transfer and the technology gap. Journal of Development Economics 55, 389 – 398.

[21] Hall, B. H. and Helmers, C. (2010) The role of patent protection in (clean/green) technology transfer. NBER Working Paper Series, Working Paper 16323. National Bureau of Economic Research, Cambridge.

[22] Hoekman, Bernard M., Keith Maskus and Kamal Saggi: Transfer of Technology to Developing Countries – Unilateral and Multilateral Policy Options. World Bank Policy Research Working Paper 3332. Washington, D. C.: World Bank, 2004.

[23] ICTSD: Technologies for Climate Change and Intellectual Property: Issues for Small Developing Countries. Information Note Number 12, October 2009.

[24] Intergovernmental Panel on Climate Change (IPCC): Technologies, Policies, and Measures for Mitigating Climate Change. IPCC Technical Paper I, 1996.

[25] International Centre for Trade and Sustainable Development (ICTSD): Climate Change, Technology Transfer and Intellectual Property Rights. Switzerland, August 2008.

[26] International Chamber of Commerce (ICC): Climate Change and Intellectual Property. Document No. 213/71 and No. 450/1050, 10 September 2009.

[27] International Energy Administration (IEA). (2012a) Technology roadmap: bioenergy for heat and power, 2nd edition. International Energy Administration, Paris.

[28] International Energy Administration (IEA). (2011a) Renewable energy: policy considerations for deploying renewables. International Energy Administration, Paris.

[29] IPCC Working Group III: Methodological and Technological Issues in Technology Transfer. IPCC Special Report, 2000.

[30] Jaffe, A. B., Newell, R. G., and Stavins, R. N. (2005) A tale of two market failures: technology and environmental policy. Ecological Economics 54, 164 – 174.

[31] Jayant A. Sathaye, Elmer C. Holt, Overview of IPR Practices for Publicly – funded Technologies. available at http://escholarship.org/uc/item/7t60d3x6, 2012 – 11 – 12.

[32] Keith E. Maskus & Ruth L. Okediji: Intellectual Property Rights and International Technology Transfer to Address Climate Change: Risks, Opportunities and Policy Options. ICTSD Issue Paper No. 32, December 2010.

［33］ Krishna Ravi Srinivas: Climate Change, Technology Transfer and Intellectual Property Rights. RIS Discussion Paper Series, RIS – DP #153 2009.

［34］ Kumar, N. (2003) Intellectual property rights, technology and economic development: experience of Asian countries. Economic and Political Weekly 38, 209 – 226.

［35］ Lee, J. – Y. and Mansfield, E. (1996) Intellectual property protection and U. S. foreign direct investment. The Review of Economics and Statistics 78, 181 – 186.

［36］ Lewis, J. I. (2007) Technology acquisition and innovation in the developing world: wind turbine development in China and India. Studies in Comparative International Development 42, 208 – 232.

［37］ Matthew Littleton: The TRIPS Agreement and Transfer of Climate – Change – Related Technologies to Developing Countries. DESA Working Paper No. 71, October 2008.

［38］ Matthieu Glachant, Damien Dussaux, Yann Ménière, Antoine Dechezleprêtre, Greening Global Value Chains: Innovation and the International Diffusion of Technologies and Knowledge. The World Bank Development Research Group Trade and Integration Team Policy Research Working Paper6467, May 2013.

［39］ Nuclear Energy Institute (NEI). (2013) World nuclear power generation and capacity. Nuclear Energy Institute.

［40］ Ockwell, D. G, Haum, R., Mallett, A., and Watson, J. (2010) Intellectual property rights and low carbon technology transfer: conflicting discourses of diffusion and development. Global Environmental Change 20, 729 – 738.

［41］ Ockwell, D. G., Watson, J., MacKerron, G., Pal, P., and Yamin, F. (2008) Key policy considerations for facilitating low carbon technology transfer to developing countries. Energy Policy 36, 4104 – 4115.

［42］ Oxley, J. E. (1999) Institutional environment and the mechanisms of governance: the impact of intellectual property protection on the structure of inter – firm alliances. Journal of Economic Behavior and Organization 38, 283 – 309.

［43］ Peter K. Yu, Intellectual Property Enforcement and Global Climate Change. available at http: //ssrn. com/abstract = 2252602, 2013 – 9 – 15.

［44］ Rafael Leal – Arcas, Climate Change Mitigation from the Bottom Up: Using Preferential Trade Agreements to Promote Climate Change Mitigation. Queen Mary University of London, School of Law Legal Studies Research Paper No. 150/2013.

［45］ Popp, D. (2010) Innovation and climate policy. NBER Working Paper Series 15673.

179

National Bureau of Economic Research, Cambridge.

[46] Rai, V. and Victor, D. G. (2010) Climate change and the energy challenge: a pragmatic approach for India. Economic and Political Weekly 44, 78 – 85.

[47] Reichman, J. H. (2009) Intellectual property in the twenty – first century: will the developing countries lead or follow? Houston Law Review 46, 1115 – 1185.

[48] Sagar, A. D. and van der Zwaan, B. (2006) Technological innovation in the energy sector: R&D, deployment, and learning – by – doing. Energy Policy 34, 2601 – 2608.

[49] Sanden, B. A. and Azar, C. (2005) Near – term technology policies for long – term climate targets—economy – wide versus technology specific approaches. Energy Policy 33, 1557 – 1576.

[50] Srinivas, K. R. (2011) Role of open innovation models and IPR in technology transfer in the context of climate change mitigation. UNEP Technology Transfer Perspective Series. UNEP Centre on Energy, Climate and Sustainable Development, Denmark.

[51] Srinivas, K. R. (2009) Climate change, technology transfer, and intellectual property rights. Research and Information System for Developing Countries Discussion Paper Number 153, India.

[52] Stephen Seres: Analysis of Technology Transfer in CDM Projects. Prepared for the UNFCCC Registration & Issuance Unit CDM/SDM, December, 2007.

[53] Steve Suppan: Patent policy and sustainable cellulosic biofuels development. Biofuels News, 19 May 2008.

[54] Tan, X. (2010) Clean technology R&D and innovation in emerging countries experience from China. Energy Policy 38, 2916 – 2926.

[55] Tellis, G. J., Eisingerich, A. B., Chandy, R. K., and Prabhu, J. C. (2008) Competing for the future: patterns in the global location of R&D centers by the world's largest firms. ISBM Report 06 – 2008. Institute for the Study of Business Markets, Pennsylvania.

[56] The World Bank. (2010) World development report 2010: development and climate change. The World Bank: Washington, D. C.

[57] Third World Network: Brief Note on Technology, IPR and Climate Change. Prepared for the Bangkok Climate Change Talks, 31 March – 4 April 2008.

[58] Thomas J. Bollyky: Intellectual Property Rights and Climate Change: Principles for Innovation and Access to Low – Carbon Technology. Center for Global Development Note,

December 2009.

［59］ Ueno, T. (2009) Technology transfer to China to address climate change mitiga-tion. U. S. Global Leadership: An Initiative of the Climate Policy Program at RFF, Issue Brief Number 09 - 09. Resources for the Future.

［60］ UK Commission on Intellectual Property Rights: Integrating Intellectual Property Rights and Development Policy. London, September, 2002.

［61］ UNEP, EPO, ICTSD: Patents and clean energy: bridging the gap between evidence and policy (Final report). 2010.

［62］ UNFCCC Secretaria: Synthesis report on technology needs identified by Parties not in-cluded in Annex I to the Convention. UNFCCC Subsidiary Body for Scientific and Tech-nological Advice, 2006.

［63］ United Nations Conference on Trade and Development (UNCTAD): The Role of Pub-licly Funded Research and Publicly Owned Technologies in the Transfer and Diffusion of Environmentally Sound Technologies. Background Paper No. 22, Commission on Sustain-able Development, Sixth Session, 1998.

［64］ Varun Rai, Kaye Schultz, Erik Funkhouser, Strategic Drivers of International Low - carbon Technology Transfer. available at http://papers.ssrn.com/sol3/papers.cfm? abstract_ id = 2273544, 2013 - 10 - 10.

［65］ Victor, D. G. (2011) Global warming gridlock: creating more effective strategies for protecting the planet. Cambridge University Press, Cambridge, UK.

［66］ Vona, F., Nicolli, F., and Nesta, L. (2012) Determinants of renewable energy innovation: environmental policies vs. market regulation. Documents de Travail de l'OFCE 5.

［67］ Wannier, G., Walter, A. C., Shackelford, S., Li, Y., and Cullenward, D. (2009) Barriers to technology transfer: case studies in wind technology, markets and policies. Law 599: Climate Change Workshop.

［68］ Watson, J. and Byrne, R. (2011) China's low carbon technology ambitions: the rela-tionship between indigenous innovation and technology transfer. Paper for Research Net-work "Governance in China" and Association for Social Science Research on China (ASC) Joint International Conference: University of Hamburg, Germany, 9 - 11 De-cember 2011.

［69］ Watson, J., Byrne, R., Ockwell, D., and Stua, M. (2010) Low carbon technology transfer: lessons from India and China. Sussex Energy Group Policy Briefing Number 9. Tyndall Centre for Climate Change Research.

[70] Wilkins Gill: Technology Transfer for Renewable Energy: Overcoming Barriers in Developing Countries. London: The Royal Institute of International Affairs, 2002.

[71] WIPO, Climate Change and Intellectual Property System: What Challenges, What Options, What Solutions? available at http://www.wipo.int/export/sites/www/policy/en/climate_change/pdf/summary_ip_climate.pdf, 2013 - 11 - 15.